KB096907

알면 보이고 배우면 느끼는

생태인문교실

알면 보이고 배우면 느끼는

생태인문교실

펴 낸 날/ 초판1쇄 2019년 12월 1일
지 은 이/ 서혜리
편 집/ 이영남 김세미 유상미 전경화

펴 낸 곳/ 도서출판기역

펴 낸 이/ 이대건
출판등록/ 2010년 8월 2일(제313-2010-236)
주 소/ 서울 서대문구 북아현로 16길7
전북 고창군 해리면 월봉성산길 88 책마을해리
문 의/ (대표전화)02-3144-8665, (전송)070-4209-1709

ISBN 979-11-85057-72-9 03400

이 도서의 국립중앙도서관 출판예정도서목록(CIP)은 서지정보유통지원시스템 홈페이지(http://seoji.nl.go.kr)와 국가자료종합목록 구축시스템(http://kolis-net.nl.go.kr)에서 이용하실 수 있습니다. (CIP제어번호: CIP2019047134)

서로배움

알면 보이고 배우면 느끼는

생태인문교실

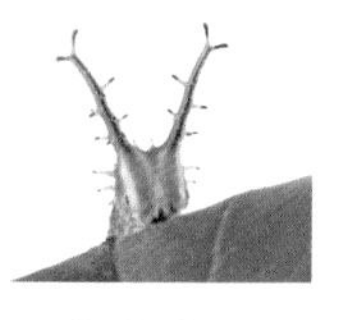

서혜리 지음

ㄱ

삼시세끼 같은 프로그램이 인기를 끄는 걸 보면, 현대인들 마음속엔 자연 친화적인 삶에 대한 동경이 있는 것 같습니다. 숲 속에서 보내는 여유로운 시간을 싫어할 사람은 거의 없습니다. 지구 복지나 인류 생존 같은 거창한 가치관을 굳이 언급하지 않더라도 말입니다.

대부분의 학부모 역시 자녀들에게 다양한 자연경험을 갖게 해주는 것이 중요하다고 생각하고 있습니다. 일주일에 한 번이라도 아이들과 함께 숲길을 산책하고 싶은 게 부모 마음입니다. 사는 게 바쁘다보니 그게 잘 안 될 뿐이지요.

교사도 마찬가지입니다. 교실에 앉아서 책과 동영상만 가지고 가르치기 보다는 살아있는 생태계를 직접 보여주고 싶은 게 선생님의 진짜 속마음입니다. 하지만, 막상 생태교육을 시작하는 것은 쉽지 않은 일입니다. 현직 교사들은 생태교육이 어려운 이유를 이렇게 이야기합니다.

1. 학생 관리가 어렵다.
2. 야외로 이동하는 시간이 많이 걸린다.
3. 학습목표가 산만해지기 쉽다.
4. 적절한 장소에 적절한 탐구시기를 맞추기 어렵다.
5. 교과서도, 교사 연수도 없다.

(주은정. 2016. 한국초등교육 제 27권 제 2호)

그 정도로 어려운 일은 아니라고 말하고 싶지만, 거짓말을 하면 안 되겠지요. 변명의 여지없이 생태교육은 교사를 힘들게 하는 일입니다. 위에 있는 다섯 가지 어려움에 덧붙여 아침부터 땀이 줄줄 흘러 하루 종일 몸이 찝찝해지기도 하고, 걷고 뛰다가 학교에 돌아오면 다른 업무를 볼 수 없을 만큼 힘이 빠지기도 합니다.

한 가지 위안을 드리자면, 그럼에도 불구하고 생태교육은 정말 재미있는 일입니다. 나무는 품위가 있고, 꽃은 지혜가 있습니다. 곤충은 열정이 있고, 이 모든 걸 지켜보는 우리에겐 행복이 있습니다. 이 책에 있는 글과 사진은 우리가 생태교육 시간에 행복했던 기록들입니다.

학교에 가야 친구랑 놀 수 있고, 선생님이 보여줘야 꽃과 새싹을 볼 수 있는 것이 요즘 학생들의 현실입니다. 그래서 우리는 학교에서 생태교육을 시작했습니다. 어떤 학년은 2주일에 한 번씩, 어떤 학년은 한 학기에 두 번씩. 교육과정 재구성을 통해 여유 시수가 생기는 대로 생태계를 탐사하러 다녔습니다. 꽃을 보고 행복해진 선생님이 개구리 알을 보고 즐거워진 어린이들과 마주보고 웃던 이야기로 여러분을 초대합니다.

2019년 겨울 초입에 서혜리

차례

숲과 들에서, 생태교육

왜 생태인문학 교육인가?

화단에서, 생태교육

봄에 피는 작은 꽃

3월이 되었습니다. 3월이니까 일단 개학은 했는데, 봄은 아직인 것 같아요. 등굣길에 보이는 나무는 가지만 앙상합니다. 나무는 키가 크기 때문에 가지에 붙은 겨울눈에 통통하게 살이 오른 것을 어린이들이 알아볼 리 없습니다. 아직 겨울인 것 같은데, 겨울방학을 끝내기에는 좀 이른 것 같은데, 왜 벌써 개학하는 거냐고 생각할지 모르겠습니다.

이럴 때는 키를 낮추고 땅을 봐야 합니다. 가로수 밑이나 학교 화단, 흙이 조금 있는 곳이라면 어디든 초록 잎사귀를 찾을 수 있습니다. 봄이 여기 와있었구나, 감탄하게 만드는 작은 잎사귀입니다. 오랜만에 보는 초록색에 반가워하다 보면 그 속에 핀 작은 꽃도 눈에 들어옵니다. 활짝 펴도 10밀리미터가 될까말까한 큰개불알풀, 그보다 더 작으면서도 청초한 흰색을 보여주는 별꽃, 분홍 멸치 두 마리가 올라앉은 듯한 광대나물입니다.

봄까치꽃(큰개불알풀) 네일아트

큰개불알풀은 열매의 모습이 유난스러워 이름도 그렇게 붙여진 것입니다. 작긴 해도 꼭 그런 모습이거든요. 하지만 요즘엔 중성화 수술을 많이 하기 때문에 개의 고환을 볼 일이 많지 않아서 어린이들에겐 오히려 낯선 이름입니다. 그보다 더 고운 이름이 있으니 어린 학생들에게는 봄까치꽃으로 소개합니다.

겨우 매화나 조금 핀 이른 봄이라 벌, 나비는 아직 안 깨어났겠지, 라고 생각하기 쉽지만 그렇지 않습니다. 봄까치꽃은 손톱보다 작지만 벌 손님이 자주 찾아옵니다. 이렇게 작은 꽃에도 꿀이 있어서 벌을 먹여 살리는구나,

봄까치꽃 네일아트

감탄이 나옵니다. 몸집은 작지만 단단하고 야무진 우리 친구들을 보는 것 같습니다. 손톱에 물기를 살짝 묻히고 봄까치꽃을 얹어 놓으면 한동안 잘 붙어 있습니다. 여자 친구들이 좋아하는 화려한 네일아트지요.

여자 친구들끼리 손톱을 꾸미든지 말든지 남학생들은 관심이 없습니다. 밖에 나왔다는 것만으로도 행복해서 어쩔 줄을 모르겠다는 듯이 이리 뛰고 저리 뜁니다. 저러다가 작은 풀꽃을 다 밟아버릴 것 같아서 미션을 하나 주었습니다. 바로 봄까치꽃의 열매를 찾는 것입니다.

"찾아라!" 미션은 남학생들에게 마법의 주문처럼 작용합니다. 사냥감이라도 찾는 것처럼 눈에 힘을 주고 풀숲을 뒤지기 시작하네요. 아무데나 덤벙덤벙 뒤지고 다니는 것이 답답해서 힌트를 줍니다.

"열매는 꽃이 진 자리에 맺히니까 꽃줄기 아랫부분을 찾아 보세요."

봄까치꽃은 한 대의 꽃줄기에서 계속 꽃을 피워 올리기 때문에 지금 보이는 꽃이 제일 막내 꽃입니다. 언니 꽃들은 꽃줄기 아랫부분에서 열매가 되어 가고 있지요.

"찾았다!"

"어? 하트네요!"

열매를 찾았다고 소리를 지르고, 모양이 하트라고 한 번 더 소리 지릅니다. 네, 봄까치꽃의 열매는 누가 봐도 하트 모양입니다. 꽃줄기에 하트가 '뽕뽕' 매달려 있습니다. 우리 눈에는 하트로 보이는데, 일본 사람들 눈에는 개의 고환으로 보였나 봅니다. 일본사람들이 '오오(큰)이누노(개의)후구리(고

환)'라고 부르는 것을 그대로 한국어로 바꾸어 '큰개불알'풀로 부르게 된 것입니다. 가슴 아픈 역사가 식물의 이름에서도 드러납니다. 이제는 원래 우리 이름인 봄까치꽃으로 부르는 것이 더 좋겠습니다.

별꽃의 줄기

별꽃은 땅 위에 흩뿌려진 별입니다. 고개를 든 사람만 하늘의 별을 보듯이, 고개를 숙인 사람만 땅 위의 별을 볼 수 있습니다. 학명에는 '스텔라리아(Stellaria)'라는 말이 들어갑니다. 북극성을 스텔라 폴라리스(Stella Polaris)라고 하지요.

깊게 갈라진 꽃잎이 5장, 꽃받침도 5장, 암술대는 3개로 갈라지는 것이 별꽃의 특징입니다. 별꽃의 꽃잎을 세어보라고 하면 대부분 10장이라고 합니다. 아무리 봐도 열 장인데 왜 다섯 장이냐고, 선생님이 숫자도 못 세냐는 듯이 이상하게 쳐다보는데요. 별꽃의 꽃잎은 토끼 귀처럼 깊이 갈라져 있어서 두 장으로 보이는 것입니다. 꽃이 좀 더 커 보여서 곤충들 눈에 잘 띄게 하는 효과가 있지요. 물론, 우리 눈에도 그렇구요. 바쁘게 돌아다니지만 말고 꽃 좀 보라고, 여기 예쁜 것이 있다고 말하는 것 같습니다.

하얗고 예쁘면 뭐 하나요. 지천으로 피는 꽃이라 밟히고, 뽑히고, 수난을 면치 못하는걸요. 아직 밭을 갈 시기가 아니라 땅을 잠깐 차지하고 있을 뿐이지, 좀 있으면 농작물을 심는다, 화단을 가꾼다, 하면서 홀랑홀랑 뒤집혀 없어질 운명입니다.

표피와 피층이 분리된 별꽃 줄기(사진 위). 줄기가 꺾였지만 잎과 꽃이 생생하게 살아 있는 별꽃. 줄기를 꺾은 지 5일째 되는 날이다.

세계 5대 잡초 중에 들어갈 정도로 환대 받지 못하는 신세가 불쌍해서일까요. 별꽃은 몸 속에 작은 선물 하나를 받았습니다. 별꽃의 줄기는 대롱처럼 속이 비어 있는데, 샤프심 하나가 쏙 들어갈 만한 너비입니다. 이 줄기를 살며시 끊어보면 얇은 표피와 피층이 잘 분리됩니다. 피층은 고무줄처럼 쫄깃한 탄력을 가졌는데 그 안쪽으로 물과 양분이 이동하는 관다발이 있기 때문에 이 피층만 끊어지지 않으면 별꽃은 계속 생명을 유지할 수 있습니다. 발에 밟히고 호미에 채여서 줄기가 상처를 입어도 끈질기게 살아남을 수 있는 비법이지요.

정말 살 수 있는지, 얼마나 오래 버티는지 알아보려고 운동장 구석에 있는 별꽃 줄기를 몇 가닥 꺾어놓았습니다. 내일 가서 보자고 어린이들 몇 명과 약속해놓았지요. 잡초 하나를 관찰하자는 작은 약속도 평범한 일상을 즐겁게 해주는 기쁨이 됩니다.

다음날, 하교하자마자 찾아간 별꽃은 고맙게도 우리의 기대를 저버리지 않았습니다. 허리가 꺾여 누워있으면서도 하얀 꽃과 초록 잎은 여전히 싱싱합니다. "난 괜찮아. 씩씩하게 살아갈게"하듯이 말입니다. 3일 뒤에도, 5일 뒤에도 별꽃은 꺾여 누운 채로 잘 살아있습니다. 5일이 지나도 멀쩡하다니, 대견하다는 말로는 표현이 다 안 될 정도입니다.

광대나물과 엘라이오솜

봄철 연두색 풀밭 위에 자주색 꽃이 빼꼼히 무리 지어 올라와 있는 걸 보면 광대나물인가 들여다보세요. 자주괴불주머니가 멸치의 합창이라면, 광대나물은 멸치의 중창쯤 됩니다. 멸치 같이 생긴 꽃 두 개가 토끼 귀처럼 쫑긋 올라와 있습니다.

40대 이상 된 어른들은 어릴 적 동네에 심어 놓은 사루비아 꽃을 따 먹은 기억이 있을 겁니다. 학교 갔다 돌아오는 길은 항상 배가 출출하기 마련이지요. "이건 꿀꽃"이라며 친구가 가르쳐 주는 대로 빨간 꽃을 따서 끝부분을 빨아먹어본 적이 있습니다. 배가 불러지지는 않지만, 집으로 걸어가는 길이 심심하지 않을 정도는 되었지요. 요즘은 사루비아를 잘 심지 않아서 흔히 보기가 어렵습니다. 대신 들판에 나가면 달콤한 꿀이 들어있는 광대나물을 원 없이 볼 수 있습니다. 사루비아와 광대나물은 모두 꿀풀과에 속하는 친척관계입니다.

꽃에는 꿀이 있어서 벌과 나비를 불러 모은다는 것을 글로만 배운 어린이들에게 좋은 경험을 시켜주려고 화단에 나갔습니다. 관리하는 손길이 잘 닿

꿀풀과 식물인 광대나물의 꿀은 사람이 느낄 수 있을 정도로 단맛이 난다. 자주색 점으로 보이는 부분은 꽃봉오리인데, 이들 중 다수는 꽃을 피우지 않고 폐쇄화 상태로 자가수정을 한다.

지 않는 구석진 곳에 광대나물 꽃이 한 가득 피어 있거든요. 이 꽃에 꿀이 있다고 말해줘도 어린이들은 선불리 맛을 보려 하지 않습니다. 먹을 건 항상 마트에서 사니까 그럴 수밖에 없겠지요. 선생님이 먼저 먹는 시범을 보이고 죽지 않는다는 것을 확인시켜준 후에야 너도나도 달려들어 맛을 보기 시작합니다. 개미와 어린이의 공통점은 단맛을 좋아한다는 것일까요. 그만 가자고 해도 듣지 않고 광대나물 꿀을 먹어댑니다. 자주색이던 화단 구석은 어느새 연두색만 남았습니다.

그렇게 꽃을 따먹어버리면 멸종되는 것 아니냐, 내년엔 뭘 보려고 다 먹어버리냐는 걱정은 접어두셔도 됩니다. 광대나물은 한 개체 안에 핀 꽃보다 안 핀 꽃을 더 많이 만듭니다. 봉오리 상태에서 더 이상 피어나지 않고 자가수분을 통해 씨앗을 만드는 '안 핀 꽃', 즉 폐쇄화(閉鎖花)를 많이 만들기 때문에 내년 걱정을 할 필요가 없습니다. 광대나물을 화분에 담아 집 안에 갖다 놓으면 한 개체 안에 오직 폐쇄화만 생기고 핀 꽃은 한 송이도 안 생기는 경우까지 볼 수 있습니다. 수정을 도와줄 매개자가 오지 않는다는 것을 아는 것 같습니다. 그렇게 폐쇄화만 가득 생겨도 거실 바닥엔 참깨만한 씨앗이 토도독거리며 많이 떨어집니다.

광대나물의 씨앗을 손바닥 위에 올려놓고 자세히 들여다보세요. 한쪽 끝 부분에 투명한 젤리 같은 것이 살짝 덮여 있는 걸 볼 수 있습니다. 이게 바로 개미가 사랑하는 먹이, 엘라이오솜입니다. 단백질과 지방이 풍부한 영양 간식이지요. 먹이를 발견한 개미는 다른 곳에 들르지 않고 곧장 집으로 가

개미가 광대나물 씨앗의 젤리부분(엘라이오솜)을 탐색하고 있다. 씨앗의 뾰족한 부분에 붙어 있는 젤리가 뚜렷이 보인다.

는 습성이 있습니다. 꿀을 한 번 먹고도 이 꽃 저 꽃 계속 꿀을 찾아다니다가 꽃들의 수정을 돕게 되는 꿀벌과는 전혀 다른 행동방식입니다. 광대나물의 씨앗을 만난 개미 역시 곧장 자기 집으로 먹이를 옮겨 놓습니다. 그리곤 엘라이오솜만 떼어 먹고 씨앗은 내다 버리지요.

정말 그럴까요? 궁금해진 우리는 실험을 해봤습니다. 저학년은 밖에 나가기만 하면 심하게 즐거워지기 때문에 선생님이 그 기분에 맞춰가며 수업을 해야 하지만, 고학년은 이론 설명도 잘 듣고 탐구나 관찰도 제법 잘하곤 합니다. 이 실험은 6학년 학생들과 해보았습니다.

광대나물의 씨앗 다섯 개를 채집합니다. 손바닥을 대고 살살 흔들면 참깨 같은 것이 솔솔 쏟아집니다. 하도 가볍고 잘 쏟아지기 때문에 꿀을 먹겠다고 한 번이라도 건드린 개체에서는 씨앗을 채집하기 어렵습니다. 실험군이 있으면 대조군도 있어야지요. 비슷한 시기에 열매를 맺는 봄까치꽃의 씨앗도 다섯 개 채집합니다. 크기가 비슷하기 때문에 좋은 비교대상이 될 수 있습니다.

그 다음엔 개미집 근처에 나뭇잎을 한 장 깔고 씨앗 열 개를 올려놓습니다. 씨앗의 색이 흙과 비슷하기 때문에 나뭇잎을 깔아야 눈에 잘 들어옵니다. 광대나물과 봄까치꽃의 씨앗은 색깔이나 모양이 서로 다르기 때문에 관찰하는 사람이 헷갈리지 않습니다. 이제 할 일은 가만히 앉아서 지켜보는 것뿐입니다. 어린이들 여럿이 시끄럽게 돌아다니면 개미들은 경계를 하고 다가오지 않으니 주의해야 합니다.

주변을 맴돌던 개미 한 마리가 조심스럽게 다가옵니다. 씨앗을 입에 물고 이리저리 굴리며 탐색하다가 그것이 봄까치꽃의 씨앗이라면 그 자리에 내려놓고, 광대나물의 씨앗이라면 입에 물고 집으로 들어갑니다. 처음엔 5:5로 시작했던 씨앗의 비율이 5분쯤 지나면 3:5가 되고, 좀 더 시간이 지나면 0:5가 되는 것을 볼 수 있습니다.

우리의 실험에서 개미는 희한하게도 매번 봄까치꽃의 씨앗을 먼저 골라 탐색했습니다. 그때마다 우리는 "그게 아니야! 다른 걸 고르라고!"라며 소리를 질렀습니다. 개미의 올바른 선택을 기원하며 손에 땀을 쥐고 응원하는 기분이었지요. 우리의 응원을 들었는지는 모르겠지만, 개미는 봄까치꽃의 씨앗을 하나도 물어가지 않고 남겨두었습니다.

개미집에 들어가 엘라이오솜을 내준 광대나물 씨앗은 이제 음식물쓰레기로 취급되어 굴 밖에 내다버려집니다. 개미가 쓰레기를 버린 장소가 곧 광대나물의 발아 장소가 되는 것입니다. 광대나물이 모여서 자라는 이유지요. 자주색 광대나물 꽃이 만발한 곳에 서서 "여러분은 지금 음식물 쓰레기장 위에서 있습니다"라고 설명하면 학생들은 "으~~"하며 싫은 소리를 낸답니다.

폐쇄화 비법과 엘라이오솜이 있기 때문에 광대나물은 봄철 들판을 차지하고 왕성하게 잘 자랄 수 있습니다. 교실로 돌아오는 길에 이채 시인의 시구가 떠올랐습니다.

> 밉게 보면 잡초 아닌 풀이 없고 곱게 보면 꽃 아닌 사람이 없으되 내가 잡초 되기 싫으니 그대를 꽃으로 볼 일이로다.

오늘 우리가 본 꽃들은 내일 또 누가 꽃으로 봐줄까요? 작고 흔한 풀꽃 속에도 진지한 아름다움이 들어있음을 아는 사람이 그들을 꽃으로 봐주겠지요. 그걸 아는 사람이라면 자기 옆에 동료도 잡초가 아닌 꽃으로 볼 수 있을 것입니다. 우리 어린이들이 생태교육을 통해 그렇게 자라가면 좋겠습니다.

화외밀선과 「이해의 선물」

「이해의 선물」을 처음 읽은 건 중학교 국어 수업에서였습니다. 교과서에 나온 것 중에 가장 재미있는 글이라 쉬는 시간에도 혼자 여러 번 찾아 읽은 기억이 납니다. 사탕가게 위그든 씨에게 선물을 받은 사람이 체리 씨를 내민 어린 소년일까, 아니면 글을 읽고 있는 나일까 궁금하게 만드는 수필이지요.

생태수업을 통해 전달하고 싶은 메시지가 있을 때는 어린이들과 이런 수필을 읽고 이야기를 나누면서 수업을 시작합니다. 어쩔 땐 즉석에서 이야기를 만들어 들려주기도 하는데, 어린이들이 정말 좋아합니다. 저학년이 특히 좋아하는 부분은 꼬마 손님이 무안하지 않게 사탕가게 주인인 위그든 씨가 오히려 거스름돈을 내어주는 장면입니다.

"이것을 다 살 돈은 있니?"

나는 대답했다.

"그럼요, 돈 많아요."

나는 주먹을 펴서 위그든 씨의 손에 은박지로 잘 싼 체리 씨 여섯 개를 올려놓았다. 위그든 씨는 자기의 손바닥을 바라보더니 한참 동안 조심스럽게 나를 쳐다보았다. 나는 불안해서 여쭈었다.

"모자라나요?"

할아버지는 부드러운 한숨을 쉬고는 대답하셨다.

"아니다. 돈이 조금 남는구나. 거스름돈을 내주마."

저학년 어린이들은 이 장면에서 박수를 치고 환호성을 지르며 기뻐합니다. 자기가 이해 받은 듯한 느낌이 드나 봅니다. 수필 뒷부분에는 이런 멋진 장면이 한 번 더 나옵니다. 물론 이번엔 입장이 바뀌어 어른이 된 주인공이 열대어가게 주인이고, 어린 남매를 손님으로 만나게 되지요.

이제 어린이들이 생각할 차례입니다. 「이해의 선물」을 읽고 5학년 어린이들이 만든 질문은 이렇게 심오합니다.

위그든 씨는 체리 씨 여섯 개를 받고 사탕을 팔았고, 주인공은 20센트를 받고 열대어 30달러 어치를 팔았습니다. 위그든 씨와 주인공은 결국 손해를 본 것일까요? 혹시, 원래부터 부자여서 막 나눠주는 것일까요?

벚나무 잎을 지키는 화외밀선

벚나무의 영어이름은 '오리엔탈 체리(Oriental Cherry)'입니다. 열매를 먹을 수 있다는 얘기지요. 단맛은 별로 없고 시거나 쓰기 때문에 경험 삼아 한 번이나 먹을까, 두 번 먹으려는 어린이는 별로 없습니다. 그래도 벚나무 열매가 익을 때쯤이면 집에서도 미국산 체리를 먹을 즈음이라 어린이들은 벚나무 열매에 관심을 많이 보입니다. 「이해의 선물」을 읽고 난 뒤라면, 까맣게 발에 밟히는 버찌 열매와 씨를 보면서 "저걸 주워다가 슈퍼에서 써볼까?"라고 말하며 낄낄거리기도 하지요.

나무에 열매가 없어도 괜찮습니다. 오늘 생태수업은 벚나무 잎을 보러 나왔으니까요. 나뭇가지를 살살 들추다가 애벌레가 갉아먹은 잎 하나를 찾았습니다. 사람은 아니고 애벌레가 그런 게 틀림없어 보이는데, 갉아먹은 모습이 정확히 좌우대칭입니다. 우와, 우와 하면서 신기해하는 어린이들에게 무슨 일이 있었던 건지 추측해보라고 했더니 정말 깜찍한 대답을 합니다.

"애벌레 두 마리가 동시에 시~작! 하고 갉아먹은 거예요."

고개를 갸웃갸웃 하면서 진지한 얼굴로 말하는데, 미안하게도 저는 웃음이 빵 터집니다.

'이렇게 귀여우면 반칙인데…….'

벚나무 잎이 좌우대칭으로 갉아먹힌 이유는 간단합니다. 잎이 반으로 접혀 있을 때, 그러니까 아직 피지 않은 어린잎일 때 먹혔기 때문입니다. 이른 봄에 숲 길을 걷다 보면 새싹을 몽땅 갉아먹힌 가지들을 볼 수 있습니다.

다른 나무에 비해 그 정도가 유독 심한 것이 눈에 띄어 들여다보면 대부분 산벚나무 가지입니다. 다른 나무들은 새싹에 독성이 있기도 하고, 보슬보슬한 털이 있어서 애벌레가 갉아먹을 때 불편함을 느끼는 경우도 있지만, 벚나무는 접혀있던 새싹이 다 펴질 때까지 애벌레의 공격을 참고 있어야 합니다.

벚나무가 숨겨왔던 비장의 무기는 잎이 제 모양을 갖춘 후에 드러납니다. 그것은 바로 잎자루에 붙은 두 개의 조그만 버튼, '화외밀선(花外蜜腺)'입니다. 말 그대로 꽃 밖에 있는 꿀샘이란 뜻이지요. 꿀은 원래 꽃 속에 있지만 식물 종류에 따라 잎, 잎자루, 턱잎, 줄기에도 있습니다. 꿀이 아무데서나 솟아난다니 믿기 어려운 일이지요?

미국농무성 농업연구청이 1990년에 발표한 자료에 따르면, 한국에서 자라는 식물 종의 약 4%, 즉 131종이 화외밀선을 가지고 있습니다. 벚나무뿐 아니라 왕버들, 이나무, 감나무, 고구마, 봉선화, 살갈퀴 등에도 화외밀선이 있어서 마음만 먹으면 주변에서 쉽게 찾아볼 수 있습니다.

아이를 키우면서 살다 보면 여기 저기 돈 들어갈 일이 많이 생깁니다. 경조사가 많은 달엔 식비가 모자라고, 아이들이 병치레를 많이 한 달엔 옷 사 입을 돈이 부족합니다. 그래도 내 맘대로 수입을 늘릴 수는 없으니까 우선순위를 정해서 돈을 쓰지요. 한 쪽에 많이 쓰면 다른 쪽이 힘들어지는 건 당연한 이치입니다. 식물도 마찬가지입니다. 광합성으로 벌어들이는 에너지는 한정되어 있는데 쓸 곳은 많습니다. 키도 커야 하고, 꽃도 피워야 하고, 열매도 성숙시켜야 합니다. 식물 입장에서는 이런 것 모두 에너지가 많이 드는 일입니다. 그런데도 어떤 종류의 식물은 화외밀선에 꿀을 만들어두는 데 자기 에너지를 기꺼이 씁니다. 화외밀선 위에서 햇빛에 반짝이는 것은 그 식물이 다른 데 쓰지 않고 모아둔 소중한 에너지이자 개미를 위해 준비한 꿀물입니다. 네, 놀랍게도 화외밀선은 99% 개미 전용으로 차려진 밥상입니다.

동네 공원의 이나무든, 학교 화단의 봉선화든 화외밀선을 찾으면 개미도 금방 찾을 수 있습니다. 꿀이 나오는 곳에 고개를 처박고 입을 오물거리기도 하고, 그 주변을 분주히 돌아다니기도 하지요. 한참을 보고 있어도 고개를 들지 않고 계속 먹기만 하길래 사진 한 장 찍어볼까 하고 가까이 다가갑니다. 혼비백산, 우왕좌왕 사방으로 흩어지네요. 저러다 화가 나서 손가락을 물면 어떡하나 겁이 납니다. 멀찌감치 떨어질 수밖에요.

화외밀선이 있는 식물은 하루 종일 개미가 줄기를 오르내립니다. 애벌레뿐 아니라 모든 식식성(植食性)동물들에겐 정말 귀찮은 존재지요. 잎사귀 한 장 먹으려다 개미에게 물어뜯기면 곤란하니까 그냥 다른 먹이식물을 찾아가는 게 낫습니다. 식물은 꽃과 열매를 해치지 않는 범위에서 개미에게 꿀을 주고, 그걸 얻어먹는 개미는 식식성 동물을 쫓아주는 상생의 고리가 만들어지는 것입니다.

눈썰미 있는 관찰자라면 화외밀선이 잎의 머리 쪽이나 잎몸 한 가운데 있지 않고 주로 잎의 엉덩이부분, 즉 잎자루와 연결된 부분에 있다는 것을 알아챌 수 있습니다. 이걸 보면 역시 화외밀선은 개미를 위해 차려놓은 밥상이란 걸 알 수 있습니다. 개미는 절대 잎의 머리 부분에서 서성거리지 않습

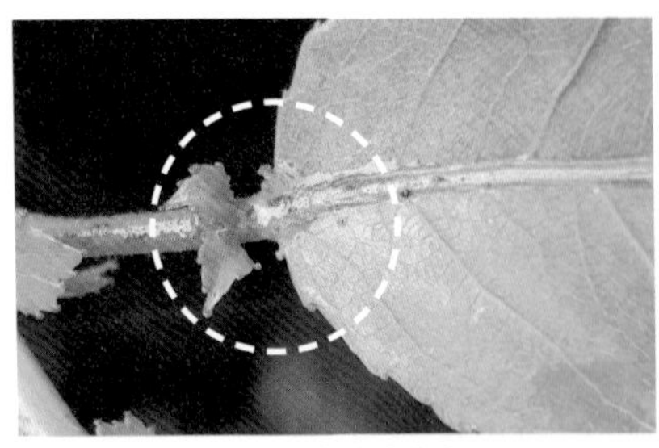
왕버들의 화외밀선

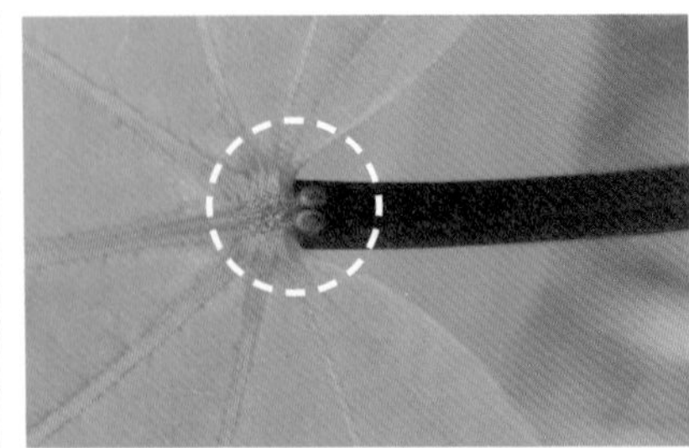
이나무의 화외밀선

시계꽃의 화외밀선

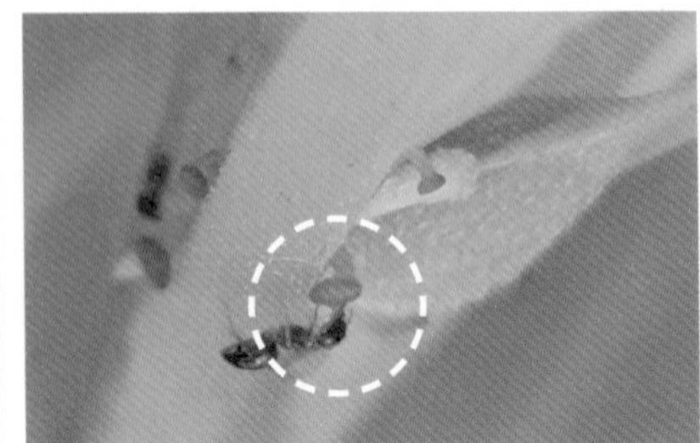
봉선화의 화외밀선

벚나무의 화외밀선

니다. 나무든 풀이든 그렇게 훤한 데까지 갔다가는 소나 양이 먹이를 먹을 때 같이 딸려가기 때문입니다. 정상적인 개미는 그런 데까지 가지 않고, 오직 기생충에 감염된 개미만 잎의 머리까지 가서 아예 대롱대롱 매달리지요. 식물은 있어야 할 그 자리에 화외밀선을 만들어 둡니다.

어린이들과 화외밀선에 맺힌 꿀방울을 보기 원한다면 오전 시간을 이용하는 게 좋습니다. 제 경험으로는 오전 시간에 꿀방울이 많이 보입니다. 아무래도 애벌레가 많이 활동하는 시간이라 그런 것 같습니다. 벚나무에서 꿀방울을 보려면 6월 이전이 좋습니다. 6월쯤 되면 벚나무의 화외밀선은 더 이상 꿀을 만들지 않습니다. 이맘때는 까맣게 익은 버찌가 새들에게 먹히길 기다리는 때입니다. 이렇게 중요한 순간엔 개미가 알짱거리면 안 되지요. 종자를 분산시켜 줄 새들을 내쫓는 꼴이 될 테니까요.

화외밀선이 말하는 기브 앤 테이크(Give and Take)

자, 이제 답을 할 차례입니다. 어린이들은 위그든 씨와 주인공이 손해를 보지 않았다고 대답합니다. 돈 대신 기쁨을 얻었으니 손해가 아니고, 부자가 아니어도 그렇게 할 수 있다고 말합니다. 20센트를 내고 30달러 어치 열대어를 산 남매가 어른이 되면 그런 기쁨을 다시 나눠주지 않을까? 순진한 상상을 하기도 합니다. 주는 길이 곧 얻는 길이라는 걸 어린이들도 이해하는 것입니다. 아직 Give and Take를 모르는 나이라 그러는 걸까요?

아니요, 화외밀선이 알려주는 Give and Take의 의미를 정확히 알고 있

교장실에서 자라고 있는 시계꽃의 꿀을 맛보는 어린이들. 사람도 느낄 만큼 단맛이 난다.

어서 그렇습니다. 사실 Give and Take는 준 것만큼 되찾으려 하거나 희생한 만큼 보상을 받으려는 태도, 받은 게 없으니 줄 것도 없다는 심보를 표현할 때 흔히 쓰는 말입니다. 어른들이 살아가는 모습은 대부분 이기적인 상생, 계산적인 상생입니다. 하지만 화외밀선은 우리에게 Give and Take를 다시 가르쳐줍니다. 얻는 것이 먼저가 아니라 주는 것이 먼저고, 그 길이 곧 얻는 길이라고 말입니다. 양보와 배려, 그게 바로 진짜 상생이지요.

루페로 들여다보는 주름잎 꽃

학습지나 시험지를 검사하다 보면 뒷면에 그림 그려놓은 것들을 종종 보게 됩니다. 문제를 다 풀었는데 시간이 남으니까 심심해서 그린 것이지요. 낙서처럼 끄적거리는 그림에서도 남녀 취향 차이가 확실하게 나타나서 남학생은 기괴한 캐릭터나 무기를, 여학생은 예쁜 사람 주변에 하트와 꽃을 한 가득 그려놓습니다. 만약 남학생에게 예쁜 사람을, 여학생에게 기괴한 캐릭터를 그려보라고 하면 어떻게 될까요? 그런 건 절대 못 그린다고 소란을 피울 게 틀림없습니다.

어린이들 표현처럼 그렇게 끔찍한 요청은 해본 적이 없지만, 꽃을 그려보라고 해 본 적은 있습니다. 꽃 그리는 것쯤이야 어려운 것도 아니고, 남자다움을 축나게 하는 일도 아니라고 생각했는지 모두들 그 자리에서 쓱쓱 그려냅니다. 어린이들이 순식간에 그려낸 꽃은 특별할 것 없이 대부분 비슷합니다. 동그란 꽃잎이 대여섯 장 달려있어서 벚꽃같이 보이거나, 코스모스처럼 길쭉

한 꽃잎이 작은 동그라미를 둘러싸고 있기도 합니다. 남자, 여자 할 것 없이 누가 그려도 비슷하고, 누가 봐도 단번에 꽃이라고 알아볼 수 있습니다.

어린이들이 그린 꽃은 시간을 별로 들이지 않고, 몇 가지 전형적인 모습이 반복적으로 보이며, 암술 수술 꽃받침 같은 부분은 생략되고 꽃잎만 두드러진다는 공통점이 있습니다. 물론 성의가 없거나 창의성이 부족해서 그런 게 아닙니다. 꽃을 관찰해 본 적이 없어서 그런 것이지요. 어린이들을 자극하고 격려해줄 교사와 루페 하나만 있으면 해결될 일입니다.

루페는 보통 10배율짜리 작은 확대경을 말하는데, 생태수업을 처음 시작할 때부터 구입해두는 준비물입니다. 인터넷에서 검색하면 15,000원 정도에 살 수 있습니다. 생태수업을 나갈 때 어린이들 목에 하나씩 걸어주면 아주 좋아합니다. 루페로 들여다보면 별거 아닌 것도 하나같이 신기하고 재미있어집니다. 특히 저학년일수록 나무줄기, 바위, 친구 머릿속, 자기 손바닥 가릴 것 없이 어디든 대보면서 즐거워하지요. 멋진 과학자가 된 듯한 기분인가 봅니다.

볼품없는 꽃의 놀라운 생존비법

주름잎이라는 야생화가 있는데, 루페가 있어야 자세히 관찰할 수 있습니다. 주름잎은 아는 사람에겐 꽃이고 모르는 사람에겐 아무것도 아닌 별볼일없는 식물입니다. 키도 작아서 잘 자라야 10센티미터 남짓입니다. 사람들이 밟고 다니는 보도블록 사이에서는 2센티미터가 채 되지 않는 줄기에 딱

주름잎 꽃

한 송이 꽃을 피우기도 합니다. 그 곳에 꽃이 있는 것을 아무도 알아보지 못하고 바쁘게 지나다니기만 하지요.

주름잎 꽃은 순형화(脣形花)의 대표적인 모습이라고 할 수 있습니다. 순형화는 입술모양이란 뜻인데, 주름잎 꽃은 윗입술이 짧고 아랫입술이 길어서 꼭 삐진 아이가 입을 내밀고 있는 것 같습니다. 이렇게 긴 아랫입술은 순형화의 핵심 역할을 맡고 있습니다. 하늘을 날아서 꽃을 찾아온 곤충이 착륙할 수 있게 플랫폼이 되는 것입니다. 이런 걸 순판이라고 하는데, 헤매지 않고 꿀이 있는 곳으로 곧장 진입할 수 있게 안내해주는 노란 점무늬, 허니가이드까지 그려있습니다. 새끼손톱보다 작은 꽃이지만 강대국만 갖고 있다는 항공모함의 긴 갑판과 다를 것이 없습니다.

눈여겨볼 만큼 예쁜 구석이 없는 주름잎 꽃의 관찰 포인트는 바로 암술입니다. 그렇지 않아도 작은 꽃 속에서 더 작고 가느다란 암술을 찾으려면 인내심이 좀 필요합니다. 항상 신이 나있는 저학년 말고, 항상 진지한 6학년 남학생과 주름잎의 암술을 관찰하기로 합니다. 주름잎 키에 맞추려면 바닥에 납작 엎드려야 하니까 작은 화분에 주름잎을 옮겨 담아 책상에 올려놓고 관찰하는 편이 좋습니다. 루페와 이쑤시개만 있으면 관찰 준비는 다 한 것입니다.

주름잎의 암술은 윗입술 꽃잎 밑에서 찾을 수 있습니다. 루페로 보면 머리가 두 갈래로 살짝 갈라진 암술이 보입니다. 입 벌린 참새 같기도 하고, 벙어리장갑 같기도 하기 때문에 수술과 헷갈릴 일은 없습니다. 암술을 찾으면 루페를 들여다보며 손끝을 미세하게 움직여 암술머리를 건드립니다. 이쑤시개 같이 가느다란 것이 적당하지요. 이때는 내가 작은 곤충이 되었다고 생각하고 힘을 조절해야 합니다. 이제 막 순판에 내려앉은 곤충이 꿀샘 있는 곳에 얼굴을 들이밀다가 더듬이로 슬쩍 건드리는 것처럼 말입니다.

암술머리가 자극을 받으면 참새 같은 입이 다물어집니다. 스르륵 움직이는 것이 눈에 보일 정도입니다. 곤충이 꽃가루를 가져온 줄 알고 입을 다물어 잘 모아두려는 것이지요. 10분정도 지나면 암술머리는 원래대로 벌어집니다. 꽃가루가 없다는 것을 알아챈 것입니다. 주름잎은 암술머리를 다시 열고 다음 기회를 기다립니다. 식충식물뿐 아니라 이렇게 작은 야생화도 스스로 움직이는 능력을 갖고 있다니 놀라울 따름입니다.

곤충은 식물의 꽃가루받이를 돕는 일등공신이지만, 곤충입장에서 그건 다 우연히 일어난 일일 뿐입니다. 곤충은 꽃가루를 옮겨주겠다는 친절한 마음으로 꽃을 찾아가지 않습니다. 모든 곤충은 단순히 먹이를 얻으려고 꽃을 찾아가지만 꽃은 우연을 기회로 만들어야 합니다. 꿀을 찾는 곤충이 우연히 암술을 건드려주면 그때를 놓치지 말고 꽃가루를 잘 받아야 하기 때문에 많은 꽃들이 암술머리에 점액을 분비합니다. 대개 암술머리는 점액으로 촉촉이 젖어있어 윤이 납니다. 끈끈이 액체 풀 덕분에 꽃가루가 미끄러지지 않고 달라붙지요. 주름잎의 암술 역시 불시에 찾아온 기회를 놓치지 않을 생존비법을 갖고 있는 것입니다.

주름잎은 유명하진 않지만 흔히 볼 수 있는 꽃입니다. 처음엔 사진으로만 본 주름잎을 직접 찾을 자신이 없어서 꽃집에 특별히 주문을 넣어 사왔습니다. 한 포기에 6천원씩 주고 사면서도 드디어 주름잎을 구했다고 기뻐했지요. 꽃집에서 사온 걸 한 번 관찰하고 나니 그 다음부턴 아무데서나 주름잎이 보입니다. 공원 분수대 옆에도 있고, 보도블록 사이에도 있습니다. 우리 학교와 맞닿은 고등학교에서 재활용 쓰레기를 쌓아두는 모퉁이에도 있고, 생태수업 시간에 자주 가는 동네 뒷산 입구에도 주름잎이 있습니다. 역시 아는 만큼 보입니다. 주름잎 옆을 지나다니는 사람은 많지만 작은 꽃을 알아보지 못하고 다들 바쁘게 걸어갑니다. 우리가 알아주지 않아도 우리 옆에 살고 있는 주름잎. 작고 볼품없어도 놀라운 생존 비법을 갖고 있는 꽃이 여기 있다고 말하고 싶습니다.

손에 들고 관찰하는 영산홍

생태수업 시간에는 주머니에 넣고 싶은 자연물을 많이 만납니다. 어린이들 눈에는 나무 열매, 애벌레, 새의 깃털 등 종류를 가릴 것 없이 모두 예쁘고 신기하지요. 집에 가져가면 안 되냐고 애원도 하고, 누가 먼저 주웠는지 말다툼도 합니다. 적당한 선에서 가져가게도 하고 내려놓게도 합니다만, 어쩔 땐 앞서 걷다가 뒤를 돌아보면 아이쿠, 벌써 꽃을 따서 들고 있는 경우도 있습니다. 떨어진 걸 주웠다고 빤히 보이는 거짓말을 하면서 말입니다. 꽃을 따면 안 된다고 배워서 그렇겠지요.

채집욕은 사람의 본성인데, 꽃을 땄다고 혼을 내서 죄책감을 느끼게 하고 싶지 않습니다. 손에 든 것을 내놓지 않으려고 뒤로 물러나는 걸 불러다가 "내가 봐도 정말 예쁘다"고 말해줍니다. 그리고 암술, 수술, 꽃잎이 갈라진 모양 등을 자세히 관찰시킨 다음 "이제 그만 따자" 한마디 해서 보냅니다. 이때가 기회인 것이지요. 어른들은 으레 꽃을 따지 말라고 가르치지만, 직접 따서 관찰하지 않으면 오히려 꽃을 잘 모르는 사람으로 자랄 수 있습니다. 이 어린이가 지금은 꽃을 따는 사람이지만, 나중엔 꽃을 사랑하는 사람이 될 것입니다.

영산홍의 꿀샘은 나비가 알고 있다

너무 자주 보는 꽃이라 자세히 들여다 볼 생각을 하지 않는 영산홍도 꽃을 따서 손에 들고 관찰합니다. 진달래와 철쭉은 찾아보기 힘들어도 영산홍만큼은 어디서든 볼 수 있는데다 꽃도 아주 많이 피우니까 괜찮을 것 같습니다. 다 관찰한 꽃은 손수건 물들이기 활동에 쓰면 되기 때문에 미안한 마음이 덜 합니다. 영산홍은 일본철쭉을 개량한 원예종인데, 종류가 하도 다양하고 교잡도 자주 일어나기 때문에 대부분 구분 없이 그냥 영산홍이라고 부릅니다.

영산홍은 꽃잎이 한 장입니다. 끝이 갈라져서 다섯 장으로 보이지만 꽃자루와 이어지는 부분이 튜브 같은 관으로 되어 있는 통꽃입니다. 옆에서 보면 깔때기 모양이지요. 통꽃이 피면 둥근 원 모양이기 때문에 순판이 따로 필요하지 않습니다. 순형화를 찾은 곤충은 꽃이 정해놓은 방향으로 진입해야만 내려앉을 수 있지만, 통꽃은 상하좌우 어느 방향에서든 꽃의 중심으로 들어갈 수 있다는 장점이 있습니다. 그렇다고 영산홍꽃이 위아래가 없다는 건 아닙니다. 360도 둥그렇게 핀 통꽃이지만 위아래가 분명히 구분되는데, 정면에서 꽃의 얼굴을 봤을 때 점무늬가 있는 쪽이 위쪽입니다. 나무에 달린 영산홍 꽃을 보면 하나같이 그렇게 달려있습니다. 점무늬가 아래로 난 꽃은 없습니다. 꽃이 예의를 갖추는 것도 아닐 텐데, 왜 이러는 걸까요?

영산홍꽃을 손바닥에 놓고 굴리다 보면 등뼈같이 느껴지는 부분이 있습니다. 물론 꽃은 뼈가 없지만, 깔때기처럼 생긴 꽃잎 등에 긴 주름 세 가닥이 나있어 도드라집니다. 그 중 가운데 주름이 제일 도드라지는데 이것을 겉에서 보면 주름이고, 속에서 보면 터널처럼 생긴 긴 관입니다. 이 관을 따라 내려가면 끝부분이 약간 도톰하게 솟은 것을 볼 수 있습니다. 손으로도 느껴지는 이곳이 바로 꿀샘입니다. 영산홍의 꿀샘은 꽃의 바닥 한 가운데에 있지 않고 꽃잎 등을 타고 내려간 곳에 있습니다.

영산홍 꽃의 주름관

터널 같은 주름관은 나비가 입을 꽂아 넣는 길입니다. 다른 곳을 아무리 찾아봐야 소용이 없고, 정확히 이 길에 입을 꽂아야 나비는 꿀을 먹을 수 있습니다. 물론 길이도 너비도 나비 입에 딱 맞게 만들어졌기 때문에 자기 입을 못 집어넣어 영산홍 앞에서 끙끙거리는 나비는 없습니다. 게다가 주름관 입구에는 점무늬 간판까지 있어서 "여기가 식당입니다"라고 친절하게 길안내를 해주지요. 학교 돌담에 만발한 영산홍은 나비를 위해 차려놓은 만찬입니다.

이것이 영산홍의 점무늬가 위쪽에만 있는 이유입니다. 꿀샘이 있는 곳을 알려줘야 하니 그럴 수밖에 없지요. 돌돌 말린 나비의 입을 쭉 펼치면 몇 센티미터가 될까, 나비의 입은 얼마만큼 두꺼운 빨대일까 등이 궁금한 어린이는 영산홍꽃을 뜯어보면 되겠습니다.

우리 생각엔 꽃의 바닥 정 가운데가 꿀샘일 것 같지만, 모든 꽃이 그렇지는 않습니다. 쉽게 예를 들면 제비꽃이 있습니다. 제비꽃과의 특징은 뒤쪽으로 귓불 같이 튀어나온 '거'가 있다는 것인데, 한자로 거(距)는 꿀주머니라는 뜻입니다. 제비꽃은 꿀샘이 들어있는 주머니를 얼굴 뒤로 달고 있습니다. 나는 도시에 사는데 제비꽃을 어디서 찾나, 걱정하지 않아도 됩니다. 학교 화단이나 동네 공원 어디서든 자주 볼 수 있는 팬지도 제비꽃과입니다. 개량종이라 얼굴이 좀 크지만, 팬지도 분명히 거가 달려있습니다. 삼발이처럼 벌어지는 열매 모양도 제비꽃과 똑같지요.

난폭한 손님을 대하는 영산홍의 생존비법

영산홍이 나비를 위한 맞춤 식당이긴 하지만, 다른 곤충의 방문을 거부하는 것은 아닙니다. 꿀벌이나 뒤영벌, 그리고 딱정벌레 종류도 영산홍을 많이 찾아옵니다. 꽃가루를 가져가기도 하고, 꿀을 훔쳐 먹기도 하지요. 곤충에게 훔친다는 표현이 적절한지 잘 모르겠습니다만, 실제로 곤충이 그런 일을 합니다. 정상적인 통로로 꿀샘에 접근하기 어렵다고 생각하면 꽃잎을 물어뜯고 꿀을 가져가는 것입니다.

특히 벌이 그런 일을 잘하는데, 벌과 개미가 같은 목에 들어가는 친척관계란 걸 생각해보면 이상한 일도 아닙니다. 개미처럼 벌도 좌우로 벌어지는 턱을 가지고 있습니다. 싹둑싹둑 가위질하는 턱이지요. 보통 땐 이 턱을 좌우로 벌리고 혀를 내밀어 꿀을 빨아먹고, 혹시 그게 여의치 않을 땐 꽃잎에 가위질을 해서 꿀을 빼가는 것입니다. 개화한지 좀 된 영산홍 꽃을 보면 여기저기 흠집이 나 있습니다. 곤충들이 매달리면서 생긴 발톱자국이기도 하고, 꿀을 찾느라 물어뜯은 자국이기도 합니다.

이렇게 난폭한 손님이 영산홍에게 해를 끼치기만 하는 것은 아닙니다. 난폭해도 손님은 손님이고, 영산홍은 이런 손님이 가져온 기회를 잘 활용합니다. 꿀 냄새는 나는데 입이 닿지 않아 애가 탄 곤충이 여기 저기 들쑤시고 있을 때 꽃가루 한 뭉치를 쓱 바르는 것이지요.

네, 한두 개가 아니라 한 뭉치입니다. 영산홍 꽃가루는 '점착사'라는 끈끈한 실로 연결되어 있어서 줄줄이 사탕같이 늘어집니다. 곤충의 몸이 한 번 닿으면 수십 개의 꽃가루가 옮겨 붙는 멋진 기술입니다. 난폭한 손님이 좀 귀찮게 굴어도 점착사라는 생존비법이 있으니 영산홍은 행복할 것 같습니다.

한 장씩 뜯어보는 접형화

꽃을 따는 것으로 모자라 한 장씩 분해해서 관찰하는 경우도 있습니다. 흔히 봐서 낯익지만 자세히 본 적이 없어 낯선 접형화(蝶形花)는 그렇게 관찰해야 합니다. 아까시나무, 등나무, 칡, 강낭콩, 클로버, 살갈퀴 등이 피우는 꽃을 접형화라고 부르는데, 나비모양 꽃이라는 뜻입니다. 이런 식물들은 미키마우스와 바나나를 합쳐놓은 것 같은 꽃이 조로록 피었다가 꼬투리 열매를 맺는다는 공통점이 있습니다.

짐작하셨겠지만, 접형화와 꼬투리 열매는 콩과 식물의 대표적인 특징입니다. 물론 콩과 중에는 자귀나무처럼 유별난 모양의 꽃을 피우는 것도 있긴 합니다. 화장용 브러시처럼 생긴 꽃 때문에 자귀나무를 콩과에 넣어야 한다, 말아야 한다, 의견이 나뉘지만, 그래도 자귀나무가 꼬투리 열매를 맺기 때문에 아직 콩과에 남아 있는 것 같습니다. 그런 고민은 학자들에게 맡기고 우리는 자귀나무 꽃을 잘 가지고 놀기만 하면 됩니다. 분홍빛 수술이 곱

디고운 자귀나무 꽃은 볼에 대고 비벼도 될 정도로 부드럽습니다. 예쁘고 향기가 좋은데다 부드럽기까지 하니 자귀나무 꽃을 한 번 본 어린이들은 너도 나도 갖고 싶어 합니다. 아쉽지만 그래도 참아야지요. 꽃의 구조를 관찰한다는 뚜렷한 목적이 있지 않을 때는 꽃을 함부로 따지 않습니다.

꽃을 분해하는 방법

아까시와 등은 봄에, 칡은 여름에 꽃이 피고, 클로버 꽃은 가을까지도 피는데다 학교에서 강낭콩 심기 활동도 자주 하기 때문에 접형화 관찰은 마음만 먹으면 수시로 할 수 있는 활동입니다. 아무래도 아까시나 등, 칡처럼 꽃이 커야 관찰하기 쉬우니 계절을 맞추면 더 좋습니다.

맨손으로 꽃잎을 한 장 한 장 분해하는 건 어렵습니다. 전문적인 도구가 필요하지요. 여린 꽃잎을 뭉개지 않고 분리하는 섬세함과 가느다란 수술 한 가닥도 잡아내는 예리함을 모두 갖춘 전문적인 도구, 바로 코털 가위입니다. 힘 조절하기에 따라 집기와 자르기 모두 가능하기 때문에 천 원짜리 코털 가위 하나만 있으면 준비는 다 된 것입니다.

작은 가위를 양손에 들고 조심스레 꽃을 분해하다 보면 신경외과 의사가 된 듯한 기분이 듭니다. 테이블에 누워있는 건 칡꽃이지만, 어린이들 포즈만큼은 메디컬 드라마 속 주인공이지요. 바들바들 손이 떨리긴 해도 꽤나 진지합니다.

꽃을 분해할 때는 제일 먼저 '화탁(花托)'을 절개합니다. '화탁'은 꽃의 모든 조각들이 붙어있는 곳으로, 꽃자루 바로 윗부분입니다. 꽃자루와 평행한 방향으로 꽃받침이 붙은 곳을 자르는 거라고 생각하면 쉽습니다. 화탁을 세로로 절개하면 옆구리 터진 김밥처럼 꽃이 벌어지고, 그 다음엔 꽃의 조각들을 하나씩 집어내면 됩니다.

접형화가 그렇게 생긴 이유

접형화의 꽃잎은 모두 다섯 장인데, 한 꽃에서 나왔다고 생각하기 어려울 정도로 모양이 다르고 하는 일도 다릅니다. 제일 먼저 눈에 띄는 것은 꽃의 얼굴이라고 할 수 있는 깃꽃잎입니다. 깃발이란 뜻의 깃꽃잎은 정면에 있기도 하고, 제일 크기도 해서 눈에 잘 띄지요. 허니 가이드도 여기에 있습니다. 깃꽃잎 아래쪽엔 바나나처럼 생긴 용골꽃잎이 있습니다. 용골은 배 아랫부분에서 등뼈 역할을 하는 것인데, 그러고 보면 바나나보다 배 앞머리를 닮은 것 같기도 합니다.

용골꽃잎은 한 장처럼 보이지만 실제론 두 장이 맞붙어 주머니를 만든 것입니다. 접형화는 이 주머니 안에 암술과 수술을 잘 숨겨두지요. 용골꽃잎 양쪽으로는 날개꽃잎이 있어서 꿀벌이 꽃에 내려앉을 때 꽉 잡고 매달리는 손잡이가 되어줍니다. 접형화는 왜 이렇게 복잡한 모양일까요? 그리고 우리는 왜 접형화를 분해해서 관찰하는 걸까요?

꽃의 모양이 다양하고 종류대로 개성이 있는 것은 꽃을 찾아오는 곤충과 관련이 있습니다. 꽃의 모양을 찬찬히 관찰하면 "누구든 환영이지만 특별히

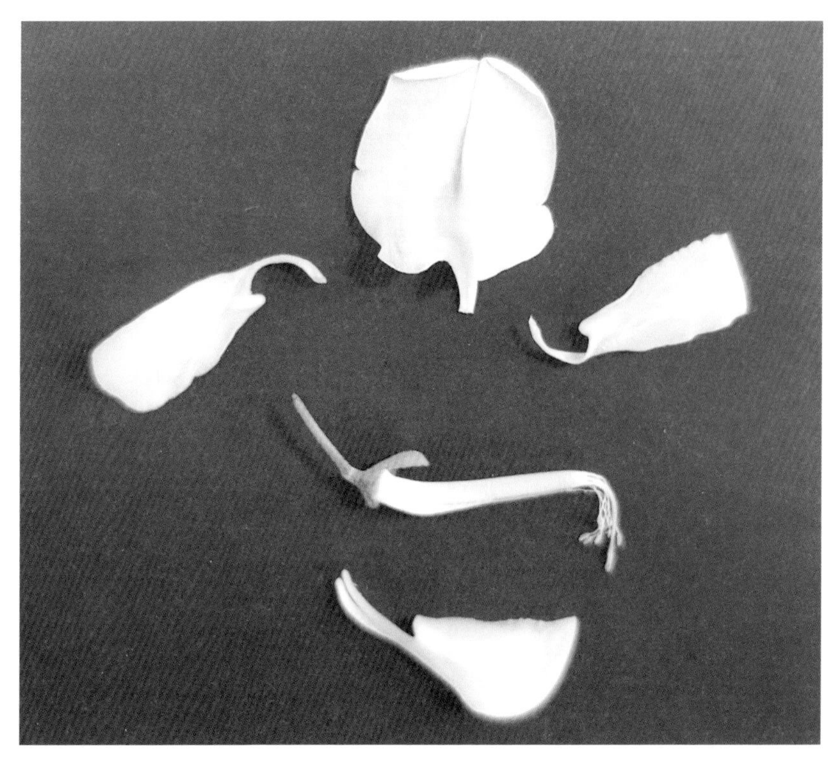

아까시 꽃잎을 뜯어 본 모습. 접형화의 구조를 알 수 있다.

기다리는 곤충이 있어요"라고 말하는 것을 들을 수 있습니다. 접형화도 마찬가지입니다. 접형화가 그렇게 생긴 이유는 꿀벌 손님을 기다리는 꿀벌 전용 식당이기 때문입니다.

접형화를 찾아온 꿀벌은 허니 가이드가 안내하는 곳에 식당이 있다는 걸 알고 있습니다. 그래서 여섯 개의 다리로 날개꽃잎과 용골꽃잎을 붙들고 매달리면서 깃꽃잎 밑으로 머리를 들이밀지요. 꿀샘에 닿기 위해 머리를 깊이 밀어 넣으려면 다리가 지지대 역할을 잘 해줘야 하기 때문에 꿀벌은 다리에 힘을 주고 몸을 쭉 밀어 올립니다. 이때가 바로 접형화가 기다리던 순간입니다. 꿀벌 다리에 밀린 용골꽃잎이 밑으로 처지면서 주머니 속에 숨어있던 암술과 수술이 드러나는 것입니다. 이렇게 꽃이 열리면 꿀벌은 암술 기둥 아래에 있는 꿀을 먹을 수 있고, 꿀벌이 꿀을 먹느라 정신이 없는 사이 수술이 꿀벌의 배에 꽃가루를 쓱 발라 버립니다. 동시에 암술은 꿀벌이 다른 꽃에서 묻혀온 꽃가루를 가져가지요.

처음부터 그렇게 짝 지어진 것처럼 접형화와 꿀벌은 작은 부분 하나까지 잘 들어맞습니다. 용골꽃잎은 그 크기에 비해 꽃잎 밑부분이 매우 가늘고 얇습니다. 화탁과 연결된 부분이 이렇게 가늘기 때문에 꿀벌 한 마리가 미는 힘에도 까닥까닥 잘 움직이면서 암술과 수술을 꺼내놓습니다. 게다가 암술과 수술은 파이프처럼 니은(ㄴ) 자로 굽어 있어서 주머니 밖으로 나오기만 하면 저절로 꿀벌의 배에 닿습니다. 길이와 위치도 자로 잰 듯 딱 맞아떨어지는 꿀벌 전용 브러시지요. 이런 걸 운명적 만남, 계획된 시나리오라고 해야 하지 않을까요? 미리 정해놓지 않고서야 어떻게 이렇게 잘 맞을 수 있을까요. 우연히 그렇게 되었다고 하면 초등학생도 안 믿을 것 같습니다.

우리 동네 공원 흰등나무가 꽃을 피웠습니다. 보통 등나무보다 꽃이 크고 탐스러운데다 향기도 더 진한 꽃입니다. 주렁주렁 늘어진 흰등 꽃에 꿀벌 손님 한 마리가 찾아왔는데, 하는 짓이 좀 이상합니다. 원래 꿀벌은 꽃

한 송이에 오래 머무르지 않고 점 하나를 찍듯 사뿐히 앉았다 일어나기를 반복하며 옆으로 옮겨 다닙니다. 근데 이 녀석은 꽃 한 송이를 떠나지 못하고 위로 아래로, 앞으로 뒤로 아주 안절부절입니다. 꿀벌이 아니라 똥마려운 강아지 같습니다.

접형화를 알면 벌의 마음을 이해할 수 있습니다. 이 녀석은 지금 자기 몸무게로 흰등 꽃을 열지 못해 애를 태우는 중입니다. 뒷다리로 아무리 용골 꽃잎을 밀어도 도대체 열리지 않으니 당황한 것이지요. 좀 있으면 꽃잎을 물어뜯을 기세입니다. 꿀벌을 연구하는 학자들에 따르면 한 집에 사는 꿀벌들도 개체마다 성격이 다르다고 합니다. 이 녀석도 꿀을 포기하든지, 구멍을 뚫고 훔쳐가든지 자기 성격대로 선택하겠지요. 아무튼, 뒤영벌이라면 모를까 꿀벌에게는 흰등 꽃이 너무 큰가 봅니다.

함께라서 괜찮은 두상화

생태수업을 하려면 일기예보를 자주 볼 수밖에 없습니다. 비가 온다고 해서 예정된 생태수업을 취소하지는 않기 때문에 갑자기 비가 오면 정말 난감합니다. 아무리 야외 수업 준비를 잘했어도 아무 소용이 없고 나무 한 그루, 곤충 한 마리 없는 교실에서 생태 수업을 해야 하니까요. 미세먼지가 심한 날도 마찬가지입니다. 비 오는 날엔 그 느낌을 경험하러 비옷을 입고 일부러 숲에 가기도 하지만, 미세먼지는 그럴 수가 없습니다. 핸드폰에 앱을 깔아놓고 하루에도 몇 번씩 미세먼지를 확인하지요. 생태선생님을 제일 힘들게 하는 것은 아무래도 날씨인 것 같습니다.

저녁에 일기예보를 보니 비 소식이 있습니다. 내일 생태수업 하는 날인데, 수업 계획이 척척 나올 만큼 내공이 깊지 않으니 이럴 땐 몸으로 해결해야 합니다. 우리가 자연으로 나갈 수 없다면 자연을 우리 안으로 데리고 올 수밖에요. 교실로 옮겨갈 만한 자연물을 찾으러 동네 뒷산 언저리를 헤매

봅니다.

갑자기 뭘 찾으려니 생각나는 것은 없고 맨날 보던 개망초와 민들레만 눈에 띕니다. 옳거니, 내일은 두상화(頭狀花)를 가르쳐줘야겠습니다.

'애들아, 내일은 너희가 주인공이야. 나 좀 도와줘.'

고마운 마음으로 줄기 몇 개를 잘라 담습니다. 개망초와 민들레는 밖에 나가기만 하면 어디서나 볼 수 있는데다 봄부터 가을까지 거의 항상 피어 있기 때문에 갑자기 수업 자료를 찾을 때 큰 도움이 됩니다.

꽃을 보기 전, 책을 먼저 읽다

오늘 생태수업은 고 장영희 교수의 수필 「괜찮아」를 읽으며 시작합니다. 이 수필은 중학교 교과서에 나오는 것이지만, 내용이 평이한 앞부분만 뽑아서 제시하면 초등학교 2학년도 무리 없이 잘 읽습니다. 작가가 어릴 적에 동네에서 친구들이랑 놀던 이야기라 그런 것 같습니다. 이 수필의 주인공 '나'는 소아마비를 앓아 두 다리를 쓰지 못합니다. 뛸 수도 걸을 수도 없으니 아이들 놀이에 끼지 못하는 것이 당연하지만 '나'는 소외감이나 박탈감을 느끼지 않습니다. 친구들이 '나'를 위해 역할을 꼭 만들어주기 때문입니다. 친구들은 '나'에게 심판을 시키거나 가방을 맡기기도 하고, 어디에 숨을지 미리 알려주고 숨기도 하면서 배려해줍니다.

하루는 '내'가 집 앞에 혼자 앉아있는데 엿장수가 지나가다 다시 돌아와 깨엿 두 개를 내밉니다. "괜찮아"하면서 말입니다. 공짜로 받아도 괜찮다는 것인지, 목발을 짚고 살아도 괜찮다는 것인지 알 수 없지만 그 말이 '나'의 마음에 깊이 남았다는 것이 이 수필의 앞부분입니다. 수필의 뒷부분에는 '괜찮아'라는 응원의 말과 '함께' 놀아 준 친구들이 있어서 이 세상에 정을 붙이고 살아갈 수 있다는 이야기가 이어집니다.

이 수필을 읽고 나면 두상화가 떠오릅니다. 혼자 생각이지만, '두상화가 살아가는 방식을 사람에 빗대어 설명한 것이 아닐까?'하는 생각을 할 때도 있습니다. 개망초와 민들레를 관찰하면 그 이유를 알 수 있습니다.

두상화의 구조

생태시간인데 나가지도 못하고 책만 읽고 있으니 어린이들 기분이 안 좋을 만도 합니다. 투덜투덜 불만이 나오기 시작하네요. 손에 뭐라도 하나씩 들려줘야 오늘 수업 재미있었다는 소리를 들을 것 같아 얼른 개망초와 민들레를 나눠줍니다. 오늘은 숫자도 세야 하니 책상 위에 흰 종이도 한 장씩 깔아 놓습니다.

개망초와 민들레는 별로 닮은 점이 없어 보이지만 둘 다 국화과에 속하는 친척관계입니다. 해바라기, 엉겅퀴, 쑥, 방가지똥, 그리고 코스모스도 이들의 친척이지요. 전혀 다른 것 같지만 그래도 친척끼리는 닮은 점이 있기 마련이라 이들은 모두 두상화가 핀다는 공통점을 갖고 있습니다. 한 송이로 보이지만 사실은 많은 꽃이 모여 둥글게 피는 것을 두상화라고 하고, 이것은 국화과 식물을 구분 짓는 대표적인 특징이 됩니다. 국화과는 아주 큰 집안이라 사촌들이 많다고 할 수 있는데, 이들 모두 두상화를 피웁니다. 국화 집안의 가풍인 셈이지요.

두상화를 분해하는 건 별로 어렵지 않습니다. 꽃받침처럼 보이는 부분, 즉 총포를 열어주면 끝입니다. 총포는 화탁을 감싸고 있는 포장지라고 생각하면 됩니다. 화탁은 작은 꽃들이 오밀조밀 붙어있는 곳이기 때문에 이런 보호가 필요하지요. 총포가 없으면 어떻게 되는지 알아보는 것은 쉬운 일입니다. 우리의 전문도구, 코털가위로 총포를 자르면 마치 양계장 문이 열리고 안에 있던 닭들이 하나 둘, 그러다가 우르르 쏟아져 나오는 것처럼 우수수 쏟아지는 작은 꽃들을 볼 수 있습니다. 총포는 원래 잎으로 태어났지만 다른 잎들처럼 가지 끝에 매달려 마음껏 햇빛을 받거나, 크게 자라나 자기 존재를 드러내지 않고 다만 두상화 밑에서 꽃을 보호하는 자기 역할을 다 할 뿐입니다. 사람으로 치면 사랑의 봉사를 하는 것입니다.

전문도구 대신 칼, 샤프, 손톱까지 사용하는 창의성을 보여주며 4학년 어린이들이 두상화를 분해합니다. 작은 손을 꼼지락거려 흰 종이 위에 우수수 쏟아놓긴 했는데, 이게 다 뭐지? 하는 표정입니다.

"이게 꽃이에요?"

"전부 다요?"

네, 전부 다 꽃이지만 아무래도 믿기는 어려운가 봅니다. 그럴 수밖에 없지요. 두상화는 우리가 흔히 생각하는 꽃의 모양이 아닌 설상화와 통상화로 이루어져 있습니다. 개망초 가장자리에 있는 꽃잎처럼 보이는 것 하나가

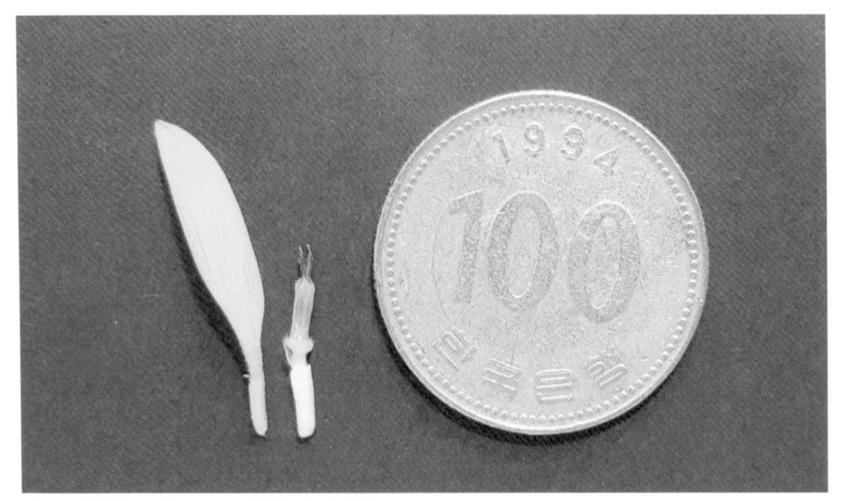

해바라기의 설상화와 통상화

꽃 한 송이인데, 꽃잎 한 장이 혓바닥 모양으로 길게 자라 있어 설상화라고 합니다. 물론 길어봐야 전체가 1센티미터 남짓이지요. 개망초 중앙에는 노란 꽃잎 다섯 장이 통 모양으로 융합되어 있는 통상화가 있습니다. 꽃잎이라고 하니까 그런가 보다 하는 것이지, 웬만해선 꽃잎으로 보이지 않습니다. 그냥 노란 관처럼 보여 관상화라고도 합니다.

다른 꽃의 암술이나 수술 하나만한 크기지만, 설상화와 통상화도 꽃이 확실합니다. 작아서 구분하기 어려울 뿐 꽃잎 다섯 장, 꽃잎 따라서 수술도 다섯 개, 그리고 암술 한 개와 꽃받침이 변형되어 생긴 갓털까지 모두 관찰할 수 있습니다. 국화과 식물은 대부분 종자를 멀리 날려 보내는데, 종자가 생기기 전부터 미리 이렇게 갓털을 만들어 놓습니다. "아가야, 엄마가 다 준비할 테니 잘 자라기만 하렴" 말하는 것 같습니다.

개망초와 달리 민들레는 전부 설상화, 엉겅퀴는 전부 통상화입니다. 해바라기는 개망초처럼 두 가지 형태를 모두 가지고 있지만, 설상화에 암술 수술이 없어서 씨앗을 맺지 못하고 곤충을 끌어들이는 역할만 합니다. 관찰하기 전에 교사가 미리 알아두어야 학생들과 시간을 허비하지 않습니다.

두상화가 하는 말, "괜찮아"

관찰이 끝나면 어지럽게 쏟아져 나온 작은 꽃들을 흰 종이 위에 열 개씩 모아 정리합니다. 1학년이 수 막대 묶어 세기를 하는 것처럼 말입니다. 종이에 칸을 그리고 설상화와 통상화를 샤프 끝으로 살살 끌어다가 열 개씩 넣으면 되니까 쉬운 일이라고 생각하겠지만, 의외로 이게 힘든 일입니다. 꽃이 가늘고 작은데다 수가 너무 많기 때문입니다. 어린이들도 처음엔 차분히 수를 세지만 얼마 가지 않아 인내심이 바닥나는 것 같습니다. 그만 하면 안 되냐, 세다가 잊어버렸다, 짜증을 내기 시작합니다.

그러면 저는 조금만 더 힘을 내라고 응원을 하면서 속으로 씩 웃습니다. 오늘 배울 내용을 어린이들 스스로 깨우치고 있는 중이니까요. 두상화 하나에 작은 꽃이 아주 많이 들어 있다는 것. 그게 바로 오늘 생태수업의 핵심입니다. 4학년 어린이들이 인내심을 총 동원해서 세 보았더니 민들레는 작은 꽃이 166송이고, 개망초는 250송이 이상입니다. 개망초 작은 꽃 숫자를 정확히 모르는 이유는 지겨워서 더 이상 세지 못하고 남겨뒀기 때문입니

두상화 민들레의 작은 꽃을 세어보니 166송이였다.

다. 아직도 한 덩어리가 남아 있으니 정말 많다는 말이 저절로 나옵니다. 꽃이 이렇게 많으니 씨앗도 많을 수밖에요. 개망초와 민들레가 어디서든 흔하게 자라는 이유를 알 것 같습니다.

작은 꽃들이 함께 모여 피는 것은 말 그대로 작기 때문입니다. 꽃이라면 마땅히 씨앗을 맺어야 하는데, 설상화와 통상화는 너무 작고 연약해서 곤충 눈에 잘 띄지 않습니다. 향기도 별로 없고, 꽃잎이라고 부를만한 것도 없고, 허니 가이드 역시 없으니까요. 혼자 하기 어려울 땐 친구들과 함께 해야 합니다. 다함께 모여 두상화가 되면 곤충들에게 꽃 대접을 받을 수 있고, 꽃가루받이도 잘할 수 있습니다.

함께 모여 피면 좋은 점이 하나 더 있습니다. 두상화의 작은 꽃들은 가장자리에서 시작해 가운데에 이르기까지 순서를 지키며 연속적으로 성숙합니다. 그래서 따로따로 피는 꽃들보다 더 오래 피는 것처럼 보이고, 곤충도 더 오랜 기간 찾아옵니다. 그 결과 하나의 두상화는 여러 개체의 꽃가루에 의해 수정될 수 있고, 엄마는 하나지만 아빠가 매우 다양한 아기들이 생기는 것입니다. 사람 입장에선 좀 이상하게 보여도, 식물에게는 유전자 다양성을 유지하는 것이 굉장히 중요한 일입니다. 국화과 식물이 번성하는 이유 중에 하나지요.

학계에서는 진화적으로 가장 특수화 된 꽃, 쉽게 말해 가장 진화가 잘 된 꽃이 피는 식물군으로 국화과와 난초과를 꼽습니다. 국화 집안은 두상화 덕분에 1등을 했네요. 성경에는 '형제가 연합하여 동거함이 어찌 그리 선하고 아름다운고'라는 구절이 있습니다. '함께'의 가치를 인정하는 것입니다. 진화론으로 보나, 창조론으로 보나 두상화가 하는 말이 옳은 것 같습니다. 두상화는 우리에게 이렇게 말합니다.

"부족해도 괜찮아. 약해도 괜찮아. 우리가 함께 하면 다 괜찮아."

호랑나비 애벌레

답사 갔다 돌아오는 길에 하교하는 어린이들을 만났습니다. 생태선생님이 뭘 들고 있으면 그게 뭔지 되게 궁금한가 봅니다. 어디 갔다 오냐, 손에 들은 건 뭐냐, 좌우에 매달려 질문을 해댑니다. 호랑나비 애벌레를 잡아왔다고 대답하니 이번엔 채집통을 둘러싸고 왁자지껄 떠들어댑니다. 서로 먼저 보겠다고 뚜껑에 코가 닿도록 얼굴을 들이밀며 야단이지만, 호랑나비 애벌레가 어린이들 눈에 쉽게 보일 리 없습니다.

"이게 애벌레야."

"이게 애벌레에요?"

"이게 애벌레래."

"이게?"

말장난 같지만, 진짜 이런 말밖에 할 수 없습니다. 아무렇게나 싸 놓은 새똥 같이 거무튀튀하고 희끄무레하게 생겼으니까요. 이런 걸 보면서 예쁜

호랑나비 애벌레

나비를 떠올리기란 쉽지 않은 일이지요. 뉘 집 자식이 이렇게 못생기고 지저분한가 싶을 뿐입니다. 어린이들도 그냥 쳐다보기만 할 뿐 만져보겠다는 말을 하지 않습니다. 못생겨서 만지기 싫다고 하면 애벌레가 기분 나빠할지, 다행이라 생각할지 궁금하네요.

호랑나비 애벌레의 생존비법 1

원래 호랑나비는 가장 아름다운 나비 중의 하나로 꼽힐 만큼 매력적인 대형나비입니다. 날개를 편 길이가 10센티미터가량 되는데, 큰 날개 위에 그려진 줄무늬는 호랑이를 닮은 듯 강렬하고 선명합니다. 호랑나비가 백합

위에 앉아서 날갯짓하는 모습은 정말 아름답습니다. 정철의 〈사미인곡〉부터 동요와 대중가요까지 폭 넓게 불려질 만합니다. 이렇게 아름다운 호랑나비가 되는 조건은 단 한 가지, 무조건 살아남는 것입니다. 애벌레 시기에 새 먹이가 되지 않고 살아남아야 나비가 될 수 있습니다. 먹는 것만 할 줄 알고 공격 같은 건 전혀 할 줄 모르는 애벌레에겐 정말 어려운 일이지요.

공격할 줄 모르니 방어라도 해야지요. 호랑나비 애벌레의 못생긴 외모는 자기를 방어하는 생존비법입니다. 5밀리미터가 채 되지 않는 1령부터 3센티미터를 넘어가는 4령까지 호랑나비 애벌레는 모두 똥같이 보입니다. 나뭇잎 위에 있으면 새똥, 책상 위에 있으면 지우개 똥으로 보이지요. 새도 사람도 가까이 하기 싫어할 게 틀림없습니다.

외모를 포기한 것처럼 방어에만 신경 쓰던 애벌레가 종령이 되면 완전히 다른 모습이 되어 버립니다. 거무튀튀하던 몸이 초록색으로 바뀌면서 둥그런 눈알 무늬가 생기는데, 그냥 검은 색이 아니라 갈색과 파란색이 섞여 있어 실제로 눈알이 반짝거리는 듯한 느낌을 줍니다. 게다가 이 눈알 무늬가 있는 위치가 아주 절묘합니다. 호랑나비 애벌레는 평상시엔 고개를 푹 숙이고 있다가 다른 가지를 찾아 두리번거릴 때만 머리를 앞으로 쭉 내밉니다. 이렇게 고개를 숙이고 있으면 앞이 잘 보이지 않지만, 대신 어깨가 불쑥 솟아오르지요. 두툼하게 솟아올라 머리처럼 보이는 어깨 양쪽이 바로 눈알 무늬가 있는 곳입니다. 머리가 따로 있다고 말해주지 않으면 처음 보는 사람들은 당연히 이곳이 머리와 눈인 줄 알만큼 진짜 같습니다. 호랑나비 애벌레를 찾는다고 산초나무를 뒤지다가도 막상 종령 애벌레를 만나면 순간적으로 멈칫하게 됩니다. 깜빡이지도 않고 노려보는 눈알이 꽤나 무섭거든요. 얼핏 보면 뱀 대가리 같을 정도니 새들도 이 녀석을 무서워하는 게 당연합니다. 누가 그려놨는지 실감나게 잘 그렸네요. 호랑나비 애벌레를 사랑하는 화가가 생각을 많이 하면서 그린 것 같습니다.

호랑나비 애벌레의 생존비법 2

여기서 끝이 아닙니다. 종령 애벌레는 취각이라는 특별한 생존비법을 하나 더 가지고 있습니다. 취각은 냄새 나는 뿔이라는 뜻인데, 평상시에는 전

호랑나비 종령 애벌레

호랑나비 종령 애벌레의 취각

혀 보이지 않다가 애벌레가 위협을 느낄 때 뒤통수 쪽에서 나타납니다. 3학년 어린이와 마주 앉아 종령 애벌레를 관찰하며 놀던 날이었습니다. 예쁘다, 귀엽다 자꾸 만져대는 것이 영 불편했는지 Y자 모양의 노란 뿔이 갑자기 나왔다 사라집니다. 뭐지? 방금 뭐가 지나갔나? 둥그레진 눈이 서로 마주친 것도 잠시, 이번엔 방 안 가득 퍼지는 묘한 냄새에 어안이 벙벙해집니다. 오렌지와 방귀를 섞어 놓은 듯 향긋하면서도 고약한, 난생 처음 맡아보는 냄새입니다.

상대를 당황스럽게 만드는 취각의 냄새는 그 동안 애벌레가 먹은 먹이와 관련이 있습니다. 호랑나비 애벌레는 탱자나무, 산초나무, 초피나무 등의 식물만 먹고 사는 심한 편식꾼입니다. 굶어 죽는 한이 있어도 다른 잎은 절대 먹지 않기 때문에 호랑나비 애벌레를 키울 때는 정성이 많이 필요합니다. 이틀에 한 번 꼴로 동네 뒷산을 뒤지고 다니며 운향과 식물의 잎을 따와야 하지요. 화단에 자라는 식물 아무거나 잘 먹으면 얼마나 좋을까요. 일 끝나고 돌아와 몸이 힘들건 말건 상관없이 꼬박꼬박 끼니를 챙겨주느라 고생을 하다보면 나중엔 정이 들어서 애벌레가 내 자식처럼 느껴지기도 합니다.

운향과 식물은 억센 가시뿐 아니라 강한 향과 독특한 맛이 있어서 자기 방어 수준이 꽤 높은 식물입니다. 호랑나비 애벌레는 오히려 그걸 즐기는 듯이 보이지만 말입니다. 사실 대부분의 식물은 식식성 곤충과 동물, 그리고 병원균이나 곰팡이로부터 자기 몸을 지키는 방어 기능을 가지고 있습니다. 줄기에 달린 가시, 연한 잎을 뒤덮은 보드라운 털, 소화가 되지 않을 만큼 질기고 딱딱한 조직은 물리적 방어를 맡고 탄닌, 테르펜, 알칼로이드 같은 2차 대사 산물은 화학적 방어를 맡습니다. 식물이 광합성을 통해 포도당을 만드는 과정을 1차 대사, 그 포도당 중 일부를 사용해 식물성 화합물을 만드는 과정을 2차 대사라고 합니다. 쉽게 말해 2차 대사는 성장과 종자번식에 쓰일 소중한 자원을 따로 덜어내 생존 자체에 아무런 도움이 되지 않는 물질을 만드는 과정이지요. 이렇게 만들어낸 식물성 화합물은 식물 고유의 향과 맛으로 표현됩니다. 각 식물마다 만들어내는 화합물이 다르기 때문에 당근은 당근대로, 오이는 오이대로 맛이 다른 것입니다.

물론 식물이 이런 것을 만들어 내는 이유는 자기 몸을 방어하기 위함입니다. 식물성 화합물은 곤충의 몸에서 독성으로 작용합니다. 그래서 맛이 쓰거나 역겹게 느껴져 입맛을 떨어트리는 식욕 억제 기능, 먹긴 먹었으나 소화가 되지 않아 당분간 섭식활동을 하기 어렵게 만드는 소화 억제 기능, 심지어 생식력을 감소시켜 잠재적 천적까지 없애버리는 산란 억제 기능까지 하는 것으로 연구되고 있습니다. 사람은 곤충보다 몸집이 훨씬 크기 때문에 식물이 가지고 있는 특유의 맛을 즐길 따름이지요. 그래도 채소 먹기를 싫어하는 어린이들을 이해해줘야겠다는 생각이 들긴 합니다. 혹시 당근과 파를 골라내고 나물 반찬을 싫어하더라도 너그럽게 이해해주세요. 그건 어린이들 잘못이 아니라 다른 이유가 있어서 그러는 거니까요.

물리적, 화학적 자기 방어 기능을 가지고 있긴 하지만, 식물은 1차 생산자의 역할 또한 충실히 수행합니다. 피식에 맞서 자기 몸을 방어하는 당당

함과 다른 생물의 먹이로 자기 몸을 내어주는 너그러움의 조화야말로 생태계 속에서 식물이 갖고 있는 최고의 가치라고 할 수 있습니다. 운향과 식물도 마찬가지입니다. 운향과 식물이 만들어내는 화합물 중에는 자몽의 쓴맛과 감귤류 특유의 상큼한 향기를 만드는 리모노이드(Limonoid), 그리고 산초나무나 초피나무에서 추출하는 모기 기피제의 원료 산쇼올(Sanshol)이 잘 알려져 있습니다. 사람에게는 여러모로 도움이 되지만 대부분의 식식성 곤충들에겐 독이 되는 운향과 식물의 자기방어 물질이지요.

하지만 운향과 식물이 자연 생태계 속에서 맡은 중요한 역할 중 하나는 호랑나비 애벌레의 먹이가 되는 것입니다. 호랑나비 애벌레는 알에서 부화하면서부터 번데기가 되기 전까지 운향과 식물의 잎만 먹고 삽니다. 다른 곤충들에게 독이 되는 식물성 화합물이 호랑나비 애벌레에게는 전혀 해롭지 않기 때문입니다. 뿐만 아니라 호랑나비 애벌레는 운향과 식물의 화합물을 체내에 쌓아두었다가 천적을 물리치는 무기로 사용합니다. 취각이 내뿜는 냄새의 근원이 바로 그것입니다. 호랑나비 애벌레를 잡아먹었다간 누구라도 그 고약한 냄새와 역겨운 맛에 놀라버리고 말 것입니다. 별다른 경쟁 없이 먹이를 독차지할 수 있고, 천적을 물리칠 무기까지 얻어 쓸 수 있으니 호랑나비 애벌레는 운향과 식물에게 감사해야겠습니다.

자연 생태계에서는 자기 몸을 지키면서 한편으로 다른 존재를 위해 봉사하는 것이 모든 생물들의 생존 법칙입니다. 자기 자신만을 위해 살아가는 존재는 그 중에 아무도 없습니다. 운향과 식물의 봉사로 무사히 성장한 호랑나비 역시 다른 식물의 수분과 수정을 위해 봉사하며 살아갈 것입니다.

호랑나비 애벌레 관찰 포인트

호랑나비 애벌레는 봄부터 가을에 걸쳐 서너 번 발생하는 것으로 알려져 있습니다. 탱자나무나 산초나무를 유심히 살피면 종종 만날 수 있으니 어린이들과 한 번 도전해보는 것도 좋을 것 같습니다. 호랑나비 애벌레의 성장과정은 인터넷이나 과학 책에서 쉽게 찾아볼 수 있습니다. 대신 여기선 몇 가지 관찰 포인트를 짚어보려 합니다.

곤충의 다리 세 쌍은 머리 가슴 배 중 항상 가슴에 붙어 있습니다. 넓든 좁든, 혹은 몸매가 두리뭉실해서 구분하기 어렵든 상관없이 다리가 붙어있는 부분이 무조건 가슴입니다. 성충의 긴 다리에 비하면 보잘것없이 짧은 것이지만 호랑나비 애벌레도 분명 세 쌍의 다리가 가슴에 붙어있습니다. 굴곡 없이 밋밋한 원통형 몸매 중에 어디서부터 어디까지가 가슴이고 배인지 알 수 있는 힌트가 되지요.

뾰족하고 가느다란 가슴다리 아래로는 그와 전혀 다르게 생긴 배다리 네 쌍, 그리고 꼬리다리 한 쌍이 더 있습니다. 배다리와 꼬리다리는 사실 다리보다 흡반에 가까운 기능을 합니다. 나뭇가지, 나뭇잎 뒷면, 심지어 미끄러운 사육상자의 벽면까지 가리지 않고 매달릴 수 있게 하는 흡반입니다. 덕분에 애벌레는 스파이더맨 부럽지 않을 만큼 어디든 잘 돌아다닐 수 있습니다. 기어가는 애벌레의 배다리나 꼬리다리에 손가락을 대어보면 쫙 달라

붙었다 떨어지는 걸 생생하게 느낄 수 있어 어린이들이 정말 재미있어 하지요. 호랑나비 애벌레가 기어가는 모습을 가만히 들여다보면 파도타기 하듯이 앞에서부터 차례대로 붙었다 떨어지는 배다리를 관찰할 수 있습니다. 성충이 되면 흔적 없이 사라지는 것이니 기회가 왔을 때 봐두는 게 좋습니다.

배다리가 전혀 없는 자벌레와 비교하는 것도 재미있는 일입니다. 자벌레는 자나방과 곤충의 애벌레인데, 가슴다리와 꼬리다리만 있습니다. 호랑나비 애벌레처럼 기어 다니다가는 배가 질질 끌릴 게 뻔하기 때문에 그리스 알파벳의 오메가 모양처럼 몸을 반으로 접었다 폈다 하면서 앞으로 나아갑니다. 숲에 가면 나뭇가지 위를 기어가는 자벌레를 흔히 볼 수 있습니다. 나뭇가지와 똑 닮은 모습으로 위장하긴 했지만, 기어가는 모습이 하도 유별나 눈에 쉽게 띕니다.

그 다음에 관찰하기 좋은 것은 사육상자 바닥에 떨어져있는 배설물입니다. 애벌레를 한 번도 키워보지 않은 어린이들은 작고 동글동글한 검은 알갱이를 단번에 똥이라고 알아보지 못합니다. D도넛에서 판매하는 카카오 먼치킨을 그대로 축소해 놓은 듯 색과 모양 그리고 질감까지 빼 닮았거든요. 정체를 알고 난 후에나 더러워 보이지, 처음 볼 때는 귀엽기까지 합니다. 검은 똥을 몇 개 주워 물에 넣으면 가루가 되어 부스러지면서 진초록 물이 나옵니다. 나뭇잎만 먹고 살았다는 증거지요. 먹으면서 싸고, 자면서 싸고, 애벌레는 똥을 많이 쌉니다. 한 시간에 몇 개를 싸나 맞추기 내기를 하는 것도 재미있습니다. 청소를 싹 해놓고 한 시간 후에 세어보면 쉽겠지요. 대

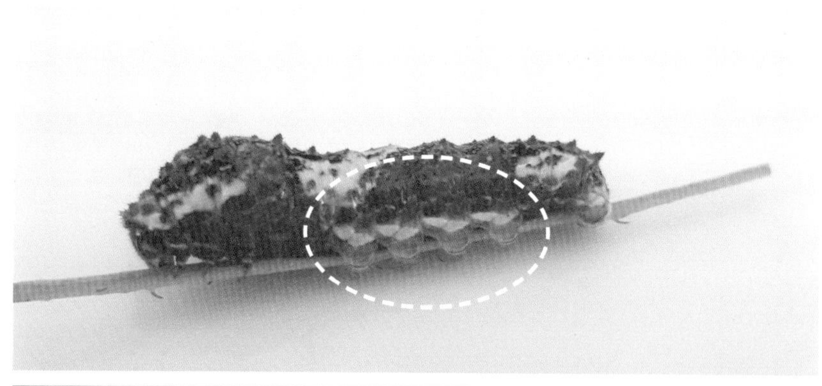

호랑나비 애벌레, 네 쌍의 배다리가 뚜렷하다(사진 위). 배다리가 없는 자벌레(사진 아래)

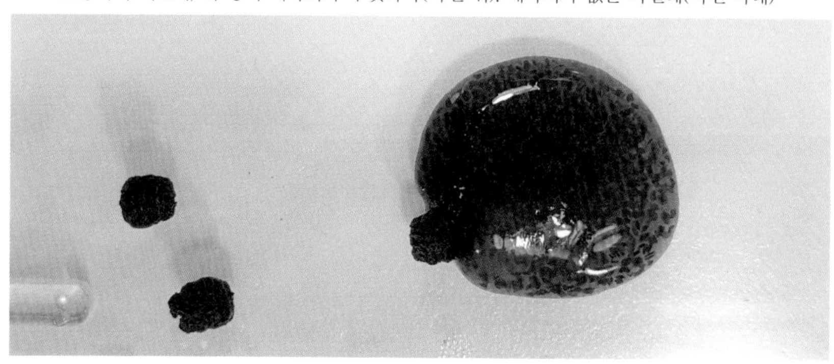

호랑나비 애벌레의 배설물. 번데기가 되기 전 마지막 똥(오른쪽)

략 열 개 정도 되네요.

애벌레가 나이를 먹을수록 똥의 크기도 커지기 때문에 똥만 봐도 애벌레 나이를 대충 짐작할 수 있습니다. 1령 애벌레는 눈곱만한 똥을, 종령 애벌레는 지름 5밀리미터정도 되는 큰 똥을 쌉니다. 그리고 번데기가 되기 전, 마지막으로 아주 특별한 똥을 쌉니다. 평소엔 물기가 적어 동그랗고 보슬보슬한 똥을 싸던 애벌레가 갑자기 연두색 물똥을 싸는 것은 번데기 만들 때가 되었다는 신호입니다. 번데기 상태에서는 섭식, 소화, 배설 기능이 완전히 멈추기 때문에 뱃속에 음식물이 남은 채로 번데기가 되는 것은 굉장히 위험한 일입니다. 음식물과 함께 몸까지 썩어버릴 테니까요. 그래서 호랑나비 애벌레는 전날부터 아무 것도 먹지 않고 버티다가 마지막으로 설사까지 해서 장 청소를 말끔히 해버리는 것입니다. 마치 비밀수첩의 한 페이지를 들춰 본 기분이랄까요. 호랑나비 일생에 단 한 번 하는 설사를 관찰하는 것은 꽤나 신기하고 재미있는 일입니다.

물똥을 싼 애벌레는 번데기 만들 장소를 찾아 분주히 돌아다닙니다. 자기 맘에 드는 곳을 찾을 때까지 쉴새없이 돌아다니기 때문에 이때는 사육상자의 뚜껑을 잘 닫아두어야 합니다.

맘에 드는 자리를 찾고 나면 애벌레는 그 자리에 붙어서 꼼짝하지 않고 하루를 보냅니다. 이때까지만 해도 애벌레의 모습이 그대로 남아 있기 때문에 마지막으로 허물을 한 번 더 벗어야 번데기가 됩니다. 허리띠처럼 몸을 고정시킨 실에 매달린 채 꿈틀꿈틀 움직여 허물을 벗으면 번데기가 나오는

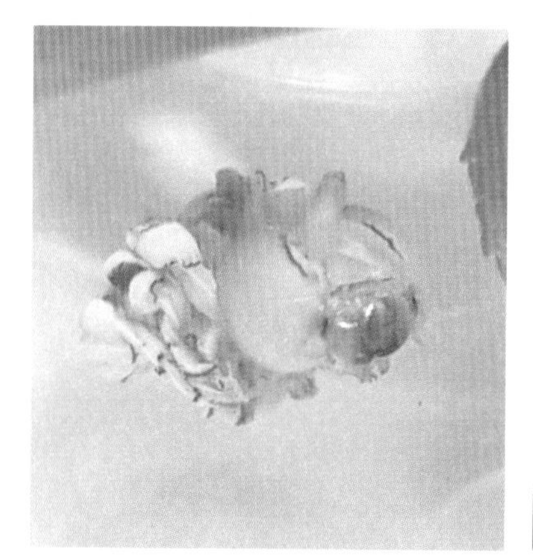

호랑나비 애벌레의 마지막 허물.

우화하기 직전의 호랑나비 번데기

방금 우화한 호랑나비

것이지요. 우리가 흔히 상상하듯 실을 뽑아 고치를 만드는 식이 아닙니다.

호랑나비 애벌레의 마지막 허물은 번데기 밑에 떨어져 있습니다. 입고 있던 옷을 벗어서 방바닥에 그냥 둔 것처럼 우글쭈글 내려앉은 껍데기 위에 얼굴까지 달려있는 허물입니다. 탈피라면 당연히 그럴 거라고 생각만 하는 것과 얼굴까지 달린 허물을 직접 보는 것은 큰 차이가 있습니다. 환골탈태의 흔적을 직접 본 사람만 느낄 수 있는 감동이 따로 있는 것입니다. 1령부터 시작해 번데기가 되기까지 총 다섯 번의 탈피과정을 겪지만, 애벌레가 벗어놓은 허물을 보는 건 쉽지 않은 일입니다. 천적에게 들킬까, 얼른 먹어 치우기 때문입니다. 마지막 허물을 먹어 치우지 못하는 이유는 다 아실 거라 믿고, 흔하지 않은 감동을 느껴보시길 권합니다.

번데기가 된 후로는 먹이를 먹지 않으니 끼니 챙겨줄 걱정 없이 열흘 정도를 맘 편히 지낼 수 있습니다. 애벌레가 그랬듯이 번데기도 주변 환경에 어울리는 색깔로 자기 몸을 위장합니다. 초록색, 갈색, 희끄무레한 검회색 번데기도 있습니다. 도중에 혹시 주변 환경이 바뀌면 번데기 색깔도 바뀌지요. 참 신기한 일입니다.

호랑나비가 우화하는 모습을 꼭 관찰하고 싶다면 아침마다 한 번씩 번데기를 들여다봐야 합니다. 우화할 때가 되었음을 알려주는 신호가 있거든요. 아침에 일어나서 들여다 본 번데기의 색깔이 어제와 다르다면 그게 바로 신호입니다. 우화하기 직전의 번데기는 나비의 날개 무늬가 비쳐 얼룩덜룩해 보입니다. 한 두 시간 안에 우화한다는 뜻이니 옆에 붙어 앉아 기다리

는 게 좋습니다.

비가 많이 와서 숲에 가지 못하던 날, 호랑나비 애벌레가 생태수업 교재로 등장했습니다. 통통하게 살 찐 장수풍뎅이 애벌레와 슬쩍 건드리면 부르르 몸을 떠는 큰멋쟁이나비 번데기도 있었고요. '집에 있는 애들 데리고 오라'는 연락을 받고 함께 일하는 생태선생님들이 주섬주섬 꺼내놓은 아이들입니다. 실내수업의 주인공으로 많은 사랑을 받은 후, 차례차례 성충이 되어 숲으로 돌아갔지요. 생태계의 한 조각이 우리 옆에 잠시 머물다가 다시 제자리로 돌아가는 것을 경험해 본 어린이들은 어른이 되어서도 그 기쁨을 잊지 못할 것입니다.

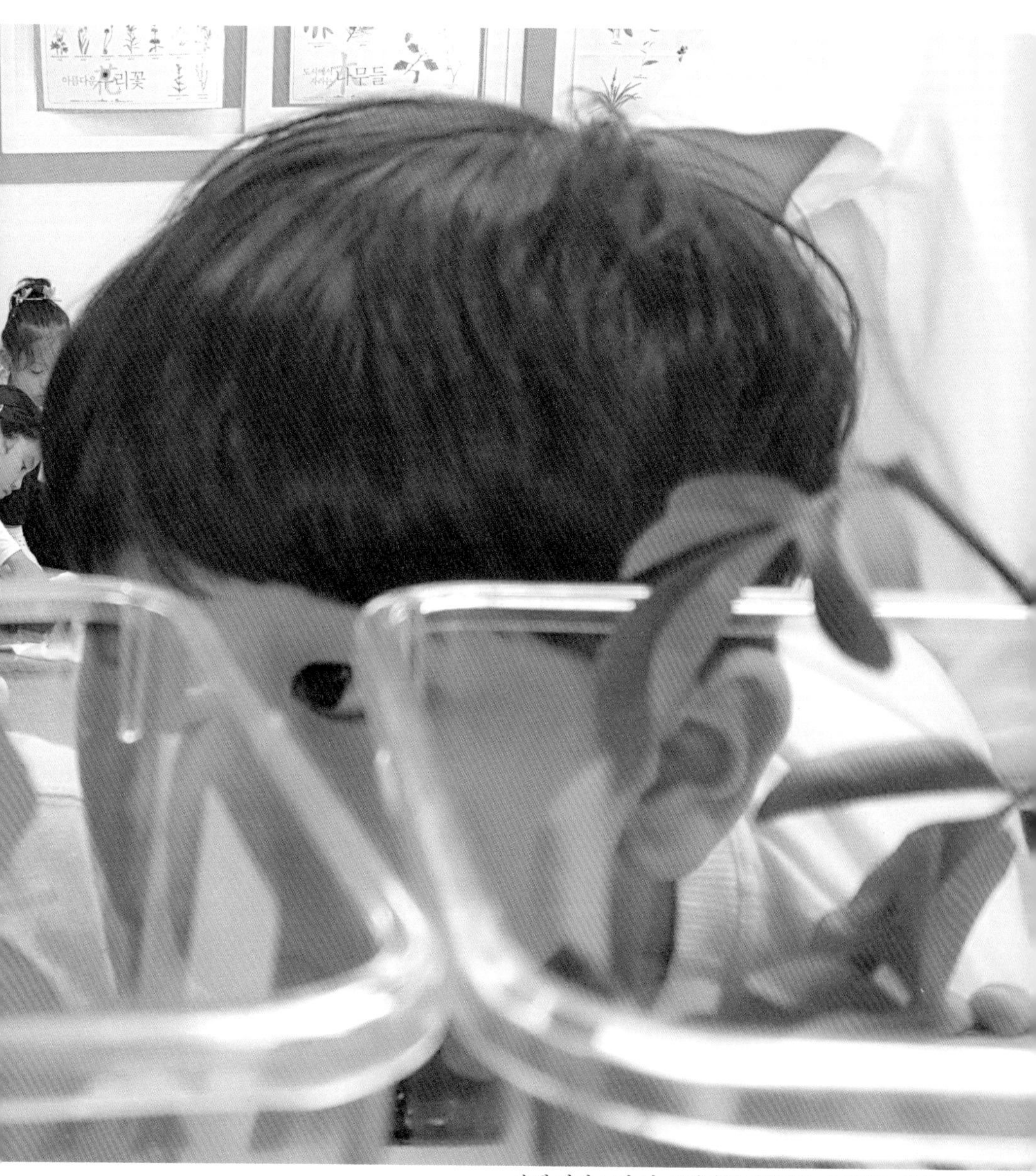

숲에 가지 못한 날, 호랑나비 애벌레를 관찰하고 있다.

텃밭에서, 생태교육

학교 텃밭 만들기

오늘은 우리 학교 텃밭에 작물을 심는 날입니다. 가까운 곳에 시민단체가 운영하는 주말농장이 있길래 우리도 한 자리 빌려 쓰고 있습니다. 밭일은 구경만 해본 교사가 밭 근처엔 가본 적이 없는 학생들을 데리고 80평짜리 넓은 밭에 작물을 심겠다며 덤벼든 것입니다. 어린이들이 오기 전에 물통이랑 모종삽도 꺼내놓고, 화훼단지까지 가서 오늘 심을 모종들도 받아오려면 아침 일찍 서둘러야 합니다. 그래도 별로 걱정이 되진 않습니다. 오늘은 행정실 선생님들과 교무실무사님까지 총 출동했기 때문입니다.

사실은 밭을 만드는 일부터 그랬습니다. 흙이 곧 밭이요, 심는 대로 나는 것이 작물인 줄 알았는데 그게 아니었습니다. 흙을 모양 좋게 다듬어서 고랑과 이랑을 만들고, 잡초 올라오지 않게 비닐을 덮고, 심고 거두는 시기를 생각해서 뭘 심을지 결정하는 일은 경험 있는 어른의 도움이 절실히 필요한 일이었습니다.

벚꽃이 한창이던 어느 봄날, 경험 있고 힘 있는 남자 선생님들이 텃밭에 모였습니다. 넥타이 대신 쟁기, 삽, 쇠스랑을 들고 오신 분들은 교장선생님과 행정실장님, 그리고 행정실 선생님입니다. 말로 가르쳐주면 혼자 하지 못할 게 뻔하니 직접 해주시는 것이지요. 오후 내내 손바닥이 아프도록 쟁기질을 하고

도 모자라 하루 더 일 한 후에야 드디어 밭이 준비되었습니다. 학교의 어른들이 생태교육을 위해 직접 밭을 갈아주시는 것은 흔히 보기 어려운 일입니다. 초등학교에는 워낙 남자 선생님이 없고, 젊은 사람 중에는 밭일을 할 줄 아는 사람이 없는 것도 맞지만 다른 이유가 또 있습니다.

누가 가르칠 것인가

우리 학교가 생태교육을 시작하면서 제일 고민했던 것은 '누가 가르치느냐'의 문제였습니다. 어느 교과시간에 몇 차시를 가르치느냐를 정하는 것은 크게 어려운 문제가 아닙니다. 교과서를 분석하고 교육과정을 재구성해서

시간을 마련하면 됩니다. 같은 학년 선생님들끼리 마음 맞춰서 하면 되는 일이지요.

우리가 고민한 것은 '사람'이었습니다. 학생들을 이미 잘 알고 있는 사람, 일년 내내 지속적으로 만나면서 유대감을 쌓아 갈 사람, 우리 학교가 추구하는 교육이념을 생태교육에 반영할 수 있는 사람을 찾고 싶었습니다. 이벤트 같은 학년 행사가 아니라 국어, 수학처럼 학교에서 일상적으로 만나지는 생태교육을 해보고 싶었기 때문입니다. 만날 때마다 바뀌는 강사님과는 일회성 체험밖에 할 수 없습니다. 무슨 내용을 어떻게 가르칠지도 충분히 협의하기 어렵습니다.

결국 교사가 답이었습니다. 가을에 시작한 고민은 해를 넘겨서야 마무리되었고, 우리 손으로 직접 생태교육을 해보자는 합의가 이루어졌습니다. 그렇게 교장·교감선생님과 행정실장님, 그리고 교사, 세 명이 숲 해설가 자격증 공부를 시작하면서 우리 학교의 생태교육도 같이 시작되었습니다. 지금 우리 학교에는 일년 내내 고정적으로 들어오는 시간강사까지 모두 여덟 명의 숲 해설가가 상주하고 있습니다. 생태수업을 할 때는 여덟 명 중에 세 명이 한 학급을 맡습니다. 안전관리나 수업의 효율을 생각하면 교사 한 명당 열 명 내외의 학생이 적당합니다. 물론 학교 관리자가 생태수업을 전담할 수는 없으니 교장 교감선생님과 행정실장님은 일 주일에 한 두 번 정도를 를 맡습니다.

우리나라의 생태교육은 아직 체계화 된 교육과정이나 교과서가 없기 때문에 가르치는 사람의 의지와 열정에 모든 것을 맡겨야 하는 실정입니다. 말 그대로 가르치는 사람 스스로가 교육과정이 되어 무엇을 언제 어떻게 가르칠지 모두 결정해야 하는 어려움이 있습니다. 교사 연수 프로그램을 찾아봐도 마땅한 것이 없으니 대부분의 학교에서 생태교육은 시도조차 하지 못하고 포기할 수밖에요. 우리 학교는 이런 어려움을 학교 구성원의 집단 지성으로 해결하고 있습니다. 밭 모양을 만드는 날 학교 관리자가 쟁기질을 하는 것도, 작물을 심는 날 교무실무사가 팔을 걷어붙이는 것도 그런 이유입니다.

작물을 심던 날

아삭이고추, 오이고추, 적상추, 청상추, 가지, 방울토마토, 대파, 깻잎, 강낭콩, 애호박, 옥수수까지 아주 없는 게 없습니다. 상자 채 쌓여있는 모종들, 오늘 작물 심는 것을 도와주러 온 선생님들, 그리고 그 사이에서 두리번거리며 구경하는 어린이들이 어우러져 마치 시골 장날 같습니다. 일하러 온 사람들답지 않게 다들 신이 나 보입니다.

떠들썩하던 분위기도 잠시, 나눠주는 모종을 두 손 모아 받아 든 어린이들의 얼굴이 굳어있습니다. 모종을 아기에 비유하면서 엉덩이를 받치고 조심스럽게 들어야 한다고 했더니 잔뜩 긴장했나 봅니다. 손만 조심하면 되는데 발까지 살금살금, 온몸으로 아기를 안고 갑니다. 벌써부터 사랑하게 된 것이지요. 세상에 장미는 많지만 어린 왕자가 길들인 장미는 하나뿐인

SYES

SYES

것처럼, 채소는 맨날 먹는 것이지만 오늘 심는 상추는 나만의 채소가 될 것입니다. 장미꽃이 소중한 이유는 그 꽃을 위해 공들인 시간 때문이란 것을 어린 왕자에게 가르쳐준 건 여우였습니다. 우리 어린이들에겐 생태교육 시간이 여우인가 봅니다.

어린이들이 교실로 돌아가고 조용해진 텃밭에서 뒷마무리를 합니다. 부러진 것 하나 없이 잘 심어졌습니다. 더러워서 흙을 만지기 싫다, 개미가 많아서 무섭다 투정을 부리면서도 자기가 받은 모종을 함부로 심어 놓은 어린이는 아무도 없습니다. 조약돌을 주워다 고추모종 옆에 울타리까지 쳐준 걸 보니 보통 정성을 들인 게 아닌 것 같습니다. 흙을 충분히 덮어주지 않은 것만 손봐주면 되겠습니다.

오늘 작물심기 활동을 다소 난감하게 한 것은 뜨거운 햇빛이나 갑자기 나타난 지렁이가 아닙니다. 그것은 뜻밖에도 흙이었습니다. 손에 흙이 묻으니 더럽다고 싫어하는 어린이들이 있었습니다. 더러운 것이 아니라고 달래기는 했으나 제 속으로는 민망한 마음이 듭니다. 저 역시 아이를 키울 때 더럽게 흙을 묻혀왔냐고, 흙장난했으니 얼른 손 씻으라고 말했기 때문입니다. 텃밭 활동을 하면서 어린이들도 저도 자연을 대하는 태도가 성장해가리라 기대할 따름입니다. 교학상장(敎學相長), 학교에서 생태교육이 필요한 이유입니다.

텃밭에는 우렁각시가 산다

작물을 심어놓고 거의 두 달 만에 텃밭에 나가봅니다. 우리가 너무 무관심했다고 너스레를 떨긴 하지만 오늘도 역시 걱정은 하지 않습니다. 행정실 계장님이 고추 지지대 세워 놓고, 1학년 정우 할머니가 운동하러 가다 풀 뽑아 주시고, 교감선생님이 퇴근 후에 둘러보러 가시고……. 그 동안 우렁각시가 많이 왔다 간 것을 알고 있기 때문입니다. 주말에 엄마랑 와서 물 주고 갔다고 자랑하는 어린이가 있네요. 제가 모르는 우렁각시가 더 있나 봅니다. 이런 걸 교육 품앗이라고 해야겠지요. 덕분에 죽은 작물 하나 없이 모두 잘 자라고 있습니다.

여러 분들의 도움 덕에 상추는 김장 배추만큼 커졌고, 방울토마토는 어른 키만큼 자랐습니다. 줄자를 가져와 대파 길이를 재보니 60센티미터입니다. 모종 심을 때 5센티미터였으니까 두 달 사이에 열두 배가 되었네요. 주머니에 넣어둔 천 원이 만 이천 원으로 불어난 것과 마찬가지라고 설명해줍니다.

'우와~' 소리가 나오는걸 보니 역시 이해가 잘 된 것 같습니다. 어린이들은 자기 서랍 속에 있는 용돈도 그렇게 되면 좋겠다며 재잘거립니다.

상추는 아래쪽 잎부터 밖으로 젖혀가며 따야 한다고 여러 번 설명하고 옆에 끼고 앉아 시범까지 보여줬지만, 어린이들 손이 마음같이 잘 움직일 리 없습니다. 고갱이를 동강내는 건 흔한 일이고, 상추 잎이 찢어져 반만 남는 건 더 흔한 일입니다. 큰 상자에 가득 차도록 뜯어 놓았어도 내다 팔 만한 모양을 갖춘 것은 별로 보이지 않습니다. 그래도 잘한다 예쁘다 부추기면서 계속 일을 시킵니다. 오늘 수확하는 채소들은 조금 있다가 점심시간에 나눠 먹을 예정이거든요. 채소를 싫어하는 어린이도 자기가 직접 딴 것은 잘 먹기 마련이지요.

상추, 고추, 깻잎은 상자에 담아 영양사님께 보내고 우리는 좀 더 놀다 가기로 합니다. 버려진 통나무를 발견하면 외나무다리 건너기 놀이를 하고, 검게 익은 버찌를 보면 얼굴에 그림을 그립니다. 생태선생님이랑 밖에 나가면 별 것 아닌 것으로 별 것 아닌 놀이를 하면서 별나게 재미있게 놀 수 있습니다. 어린이들이 체육시간 기다리듯이 생태교육 시간을 기다리는 이유겠지요.

남들 보기엔 애들 데리고 설렁설렁 놀러 다니는 직업 같겠지만, 통나무도 버찌도 모두 수업 계획 속에 들어있는 것입니다. 계획 없이 어린이들을 끌고 다니다간 큰 낭패를 보게 됩니다. 생태교육은 교과서 없이 야외에서 하는 수업이기 때문에 사전답사와 수업계획이 꼭 필요합니다. 이미 잘 알고 있거

SYES

나 예전에 답사를 했던 장소라도 수업을 앞두고는 다시 한 번 답사를 해야 합니다. 분명히 있던 꽃이 일주일 사이에 다 져버려 당황하는 일이 벌어지기도 하니까요. 오늘 텃밭에 나온 것도 미리 답사를 한 후에 데리고 온 것입니다. 상추 뜯으러 오면서 곤충 채집통을 챙겨온 것도 그래서입니다. 진딧물과 무당벌레를 관찰할 생각이거든요.

진딧물이 단물 똥을 싸는 이유

농약을 안 하고 키우다 보니 텃밭에 깃들어 사는 생명이 아주 많습니다. 상추 잎 사이에는 달팽이가 살면서 사람을 한 번씩 놀라게 합니다. 상추를 뜯다 보면 갑자기 물컹하거든요. 밭고랑에는 개미집이 여러 군데 있어서 자기들끼리 전쟁도 하고, 개미 시체를 산처럼 쌓아놓기도 합니다. 달팽이는 제발 하나만 찾아달라고 애원할 정도로 인기가 많고, 개미 시체는 곤충에 푹 빠진 몇몇 어린이들이 한참 동안 관찰하는 볼거리가 됩니다.

하지만 진딧물은 그런 사랑을 받지 못합니다. 진딧물이 오이, 고추, 토마토 가리지 않고 다닥다닥 붙어 있는 모습은 징그럽기 짝이 없습니다. 어떻게 그렇게 잘 찾는지 여린 새순만 골라가며 즙액을 빨아 먹는데, 몸집에 비하여 먹는 양이 많을 뿐 아니라 수정 과정이 없어도 암컷 혼자 처녀생식을 통해 새끼를 낳는 방식으로 그 수가 금세 불어나기 때문에 퇴치하지 않고 그냥 두었다가는 기주식물이 큰 피해를 입습니다. 수액을 빼앗긴 기주식물이 정상적인 발육과 열매 맺기를 하지 못하는 것은 당연하고, 진딧물의 배설물을 영양원으로 하여 번성하는 곰팡이가 잎마다 검게 끼어 광합성을 하지 못하게 되는 그을음병도 생깁니다. 세상의 쓸모라곤 단물(감로, Honeydew)로 개미들 배를 불리는 것밖에 없을 것 같은 진딧물입니다.

물론 진딧물이 개미를 위해 단물 똥을 싸는 것은 아닙니다. 진딧물이 단물 똥을 싸는 이유는 간단합니다. 이것저것 골고루 먹지 않고 단물만 먹기 때문입니다. 식물의 수액은 광합성 산물인 당분이 풍부한 반면, 성장에 필수요소인 아미노산은 부족합니다. 아무리 달콤하고 맛이 있더라도 단백질이 부족한 식사를 계속 하다 보면 심각한 영양불균형을 겪게 되지요. 진딧물이 이 문제를 해결하는 두 가지 방법 중 하나는 소량의 아미노산을 걸러낸 뒤 당분이 섞인 물을 그대로 배설하는 것입니다. 식물의 수액을 아주 많이 먹고 그만큼 많은 단물 똥을 싸면 약간의 아미노산을 모을 수 있습니다. 덕분에 진딧물과 개미의 공생 관계가 유지되기는 합니다만, 아무래도 좀 무식한 방법인 것 같습니다. 기본적으로 수액에 들어있는 아미노산의 양이 적기 때문에 최선을 다해 먹고 싸는 방법만으로는 충분한 단백질을 얻을 수 없습니다.

진딧물이 아미노산 부족을 해결하는 두 번째 방법은 공생 박테리아의 도움을 받는 것입니다. 우리 몸에는 나 아닌데 나인 것 같은 존재, 유산균이 있어서 장 건강에 도움이 되듯이 진딧물의 몸에도 공생 박테리아가 있습니다. 차이가 있다면, 유산균처럼 장 속에 사는 것이 아니라 박테리오사이트(bacteriocytes)라는 체세포 속에 사는 것이 다른 점입니다. 공생 박테리아가 살아가는 숙주세포지요. 다른 동물에서 찾아볼 수 없고, 실험실에서 배양이 되지도 않는 특수한 공생 박테리아는 오직 진딧물의 박테리오사이트 안에 살면서 단백질의 기본 단위, 아미노산을 만들어냅니다. 진딧물은 자신이 최선을 다하고도 채우지 못한 부족함을 대신 채워주는 작은 친구들을 갖고 있는 것입니다. 덕분에 진딧물은 매일 쓸 것에 대해 염려할 필요가 없습니다. 스스로 알고 있든지 말든지, 감사하든지 말든지 상관없이 진딧물은 도움이 필요하고, 그 도움을 받을 수 있습니다. 시시하고 하찮은 진딧물 한 마리가 받은 놀라운 선물입니다.

혹시 진딧물이 다른 종류의 식물로 먹이를 바꿔도 공생 박테리아는 아무 문제없이 일을 잘 해냅니다. 박테리오사이트가 DNA의 발현을 조절하는 방식으로 공생 박테리아를 적응시킬 수 있다는 것이 최근에 한국인 연구자(김도협. 2018. 캘리포니아 대학교)에 의해 밝혀졌습니다. 유수의 박사들이 두고두고 연구할 생명의 신비가 눈곱만큼 작은 곤충 속에 들어 있습니다.

진딧물과 무당벌레

눈 딱 감고 손가락으로 비벼 죽여보기도 하지만, 진딧물 수가 워낙 많아서 도움이 되지 않습니다. 작물을 괴롭히는 진딧물이 하도 보기 싫을 때는 어디 가서 무당벌레라도 잡아와야겠다는 생각을 합니다. 무당벌레는 애벌레일 때부터 성충이 되어서까지 진딧물을 잡아먹는 고마운 곤충입니다. 작물이 잘 자라지 못할까 애를 태운 만큼 어린이들도 무당벌레를 응원합니다. 울퉁불퉁 외계인처럼 생긴 애벌레도 멋지다며 좋아해주지요.

무당벌레는 위쪽으로 올라가려는 습성이 있어서 손 위에 얹어 놓으면 손가락 끝으로 기어 올라갑니다. 손을 얼른 아래로 내리면 이번엔 손목을 향해 기어 올라갑니다. 그냥 날아가면 되는데 이리 갔다 저리 갔다 무한궤도를 한참 헤맵니다. 무당벌레를 이렇게 데리고 놀면 재미있습니다. 어린이들은 손이 간지러워 웃고, 바보 같다고 놀리면서 또 웃습니다.

무당벌레의 이런 습성은 진딧물을 잡아먹을 때 유용하게 쓰입니다. 등딱지를 열고 붕 날아 오른 무당벌레가 식물의 잎에 착륙하면 곧바로 줄기를 타고 위를 향해 올라갑니다. 벼과나 사초과를 제외한 대부분의 식물은 생장점이 줄기 끝에 있기 때문에 위로 올라갈수록 줄기와 잎이 부드럽고 연합니다. 신생아에 해당하는 부분이지요. 진딧물이 빨대 같은 입을 꽂고 즙액을 빨기 좋아하는 곳도 바로 이 곳입니다. 무당벌레가 진딧물을 찾아낼 때는 여러 가지 감각을 사용하겠지만, 위쪽으로 올라가는 습성도 먹이 찾기에 도움이 됩니다.

잘 놀아주던 무당벌레가 갑자기 다리를 모두 오므린 채 움직이질 않습니다. 주변엔 오줌 같이 노란 물도 묻어 있고요. 어린이들은 그걸 보고 무당벌레가 오줌 싸고 죽었다며 깜짝 놀라지만 진짜 죽은 것은 아닙니다. 노란 물은 무당벌레의 체액인데 냄새가 좋지 않고 쓴 맛이 난다고 합니다. 천적이 이것을 한 번 맛보면 입맛이 싹 사라졌다고 싫어하겠지요. 다음부터는 무당벌레를 잡아먹지 않을 겁니다. 게다가 죽은 척까지 하고 있으니 더 맛

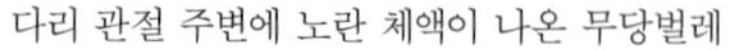

다리 관절 주변에 노란 체액이 나온 무당벌레

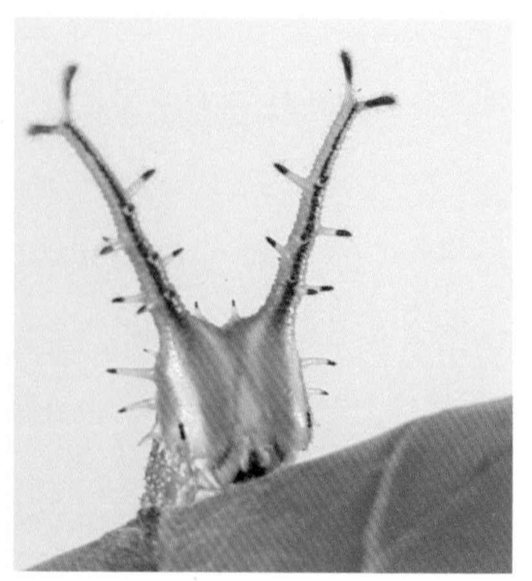

팽나무에서 찾은 홍점알락나비 애벌레

없게 보이겠네요. 노란 물이 묻은 채 뒤집어져 있는 무당벌레는 천적뿐 아니라 어린이들에게도 매력이 없습니다. 오르락내리락 재미있는 놀이도 안 보여주고 몸에 이상한 것까지 묻어있으니 영 재미가 없습니다. 이로운 곤충이니 그만 놓아주라고 해도 듣지 않던 어린이들이 이제는 무당벌레를 내려놓고 돌아섭니다. 역시 효과 좋은 전략입니다.

번데기도 움직인다

텃밭 주변 잡초들에는 무당벌레 번데기가 많이 붙어 있습니다. 번데기는 성충과 매우 비슷하게 생겨서 누가 봐도 무당벌레라고 알아볼 수 있습니다. 처음 보는 사람은 '왜 무당벌레가 움직이지 않고 붙어 있지?'라고 생각할 정도입니다. 사실은 저도 그랬거든요. 텃밭의 진딧물을 해결해보려고 무당벌레를 보쌈해 오던 날이었습니다. 무당벌레들이 풀잎에 엉덩이를 딱 붙인 채 움직이질 않으니 데리고 올 수가 있어야지요. 모두 죽은 건가 싶어서 당황했던 적이 있습니다.

처음 본 무당벌레 번데기는 귀엽기도 하고 신기하기도 합니다. 풀잎 채 따다가 책상 위에 놓고 가만히 관찰하고 있는데, 갑자기 벌떡 일어나는 번데기! 엉덩이는 여전히 붙인 채 몸을 꼿꼿이 일으켜 세웁니다. 시체가 벌떡 일어나 앉았다는 옛날 귀신 이야기는 무당벌레 번데기를 보고 만든 것일까요? 움직이지 않을 거라고 믿었던 것이 갑자기 움직이니 깜짝 놀랄 수밖에요.

번데기는 말 그대로 깜짝 놀래주기 위해 움직입니다. 무당벌레 번데기가 벌떡 일어났다 털썩 누워버리고 또 다시 벌떡 일어나 앉는 것은 놀라서 도망가라고 천적에게 보내는 경고입니다. 무당벌레뿐 아니라 팽나무를 좋아하는 홍점알락나비 번데기의 경우, 핸드폰 진동에 맞먹도록 부르르 몸을 떨기도 합니다. 해칠 생각이 전혀 없던 저도 번데기의 경고를 보면 왠지 깜짝 놀라게 됩니다. 그러고 보면 나도 천적인 것인가 싶은 생각도 듭니다.

이쯤 되면 머릿속이 복잡해집니다. 저는 번데기가 움직이지 않는다고 배웠고, 지금까지 그렇게 가르쳤는데 말입니다. 초등학교 3학년이 되면 과학 시간이 생기는데, 처음 만나는 과학 교과서에서 배추흰나비의 한살이를 배웁니다. 교과서에는 애벌레가 번데기가 되면 이동하지 않고 한곳에 붙어 있는다는 내용이 나옵니다. 이 단원을 평가할 때는 '배추흰나비의 한살이 중 움직이지 않는 것을 모두 고르시오'란 문제가 꼭 나오는데 알, 애벌레, 번데

무당벌레 번데기(왼쪽)와 애벌레(오른쪽)

기, 어른벌레 중에 알과 번데기를 골라야 정답이 됩니다.

하지만 관찰력이 있는 어린이는 이 문제의 정답을 맞추기 어렵습니다. 생태수업 시간에 번데기를 가지고 놀아본 어린이라면 답은 알 하나뿐이라고 말할 겁니다. 기회가 되면 한 번 관찰해보세요. 번데기를 가만히 들여다보고 있으면 한 번씩 파르르 몸을 떠는 것을 볼 수 있습니다. 뱃속의 아기가 태동을 하듯이 말입니다. 배추흰나비 번데기가 이동하지 않고 한곳에 붙어 있는 것은 맞는 말이지만, 움직이지 않는 것은 아닙니다. 교과서는 틀린 것이 없지만 이 부분을 가르칠 때는 어휘 선택을 잘해야 합니다. '이동하지 않는다'는 표현이 '움직이지 않는다'로 바뀌면 학생들은 오개념을 배우게 되지요. 특히 문제집들이 그런 표현을 많이 쓰고 있으니 조심해야 합니다.

상추쌈에 계란프라이

점심시간이 되었습니다. 급식실을 향해 한 줄로 걸어가는 어린이들에게서 약간의 흥분이 느껴집니다. 담임선생님은 조용히 시키려 애를 쓰지만 밥 먹으러 갈 때는 그게 잘 통하지 않지요. 게다가 오전에 직접 수확한 채소가 반찬으로 나오는 날이니 어린이들이 더 들뜨는 것 같습니다. 상추 말고 고추를 많이 달라, 나는 딱 한 개만 먹겠다, 집에 가져가서 엄마랑 먹으면 안 되냐 아주 말이 많습니다.

우리가 뜯어온 상추는 어느새 깨끗이 씻겨 식탁 위에 놓여 있습니다. 영양사님이 일일이 씻어서 소독까지 싹 해주셨지요. 목욕하고 나온 상추들은 밭에서 볼 때보다 더 싱그러워 보입니다. 오전 내내 수업하느라 지쳐서 입맛 없는 선생님들도 싱싱한 상추를 보면 화색이 돌아옵니다. 상추 위에 쌈장 넣고 밥 한 그릇 뚝딱 먹으면 다시 힘이 나겠지요.

밧트 채 들고 다니며 상추를 나눠주고 있는데 1학년 여자 어린이가 옷을 잡아끕니다. 생태선생님도 먹어보라고 쌈을 싸서

입에 넣어주네요. 고마운 마음에 얼른 받아먹었더니 아, 상추 쌈 속에 계란 프라이도 들어 있습니다. 자기 담임도 아닌데 맛있는 반찬을 이렇게 나눠주다니요. 어린 학생이 넣어준 계란프라이 한 점이 생태선생님을 행복하게 합니다.

숙제 하러 모인 가족들

텃밭의 상추는 마법이라도 걸린 것 같습니다. 열심히 뜯어 먹어도 돌아서면 다시 풍성해집니다. 자라는 속도를 감당하기 어려워 주말 숙제를 내주었습니다. 엄마 아빠와 함께 텃밭에 와서 채소를 뜯어가라는 숙제입니다. 학급밴드에 텃밭 주소를 게시하면서 즐겁게 다녀가시라고 안내했더니 진짜 가도 되냐고 문의가 들어오네요. 흔한 숙제는 아니지요.

숙제하는 주말, 텃밭엔 하루 종일 손님이 오고 갑니다. 엄마, 아빠도 오시고 유치원 다니는 동생도 따라 왔습니다. 어떤 집은 할머니와 이모도 오셨네요. 숙제하러 와서 만난 엄마들끼리 어색한 인사를 나누기도 하고, 학교생활 이야기도 하면서 금세 화기애애해집니다. 숙제하러 온 어린이들은 엄마 손을 끌고 다니며 그동안 자기가 놀았던 것을 엄마에게 다 보여주려고 합니다. 좋았던 것은 엄마랑 나누고 싶은 법이지요. 그러면 엄마는 귀찮아하지 않고 통나무 위에도 올라가고, 버찌로 그림도 그리면서 장단을 맞춰줍니다.

텃밭 숙제가 끝난 다음에는 가족사진 콘테스트도 했습니다. 이만하면 올해 농사는 성공이겠지요?

텃밭에 숙제하러 모인 가족들

숲과 들에서, 생태교육

숲 길 트래킹

햇살 좋은 어느 봄날, 숲 속 오솔길을 따라 걷기로 했습니다. 위를 보면 황량하지만 옆을 보면 파릇파릇합니다. 숲 속의 작은 풀들은 나무에 잎이 가득해져 햇빛을 가리기 전에 얼른 몸집을 키우고 꽃을 피워야 하거든요. 오래된 낙엽 사이로 예쁜 얼굴들이 간간히 보입니다. 봄날의 하루를 열심히 살아가는 작은 풀들입니다.

우리는 좁은 다리도 건너고, 지표 위로 드러난 바위도 넘어갑니다. 이 길로 계속 가면 뭐가 나오냐고 물어보길래 서석대가 나온다고 했더니 끝까지 가보자며 좋아하네요. 들뜬 마음이야 백 번 이해하지만, 생태수업 시간에는 그렇게 멀리 갈 수 없습니다. 오늘은 무등산의 발등쯤 되는 곳까지 다녀오기로 합니다.

"내 나무가 어때서. 땔감 하기 딱 좋은 나문데~."

엉터리 노래를 불러대는 걸 보니 기분이 좋은가 봅니다. 산에 가면 그냥

복수초 산자고 제비꽃 자주괴불주머니

기분이 좋아지지요. 우리는 사실 자연을 사랑합니다. 자연 속으로 들어가고 싶고, 그 곳에 가면 행복해집니다. 일하느라, 공부하느라 하도 바빠서 그걸 잊고 사는 것뿐입니다.

개구리 알과 도롱뇽 알

이 길을 걷다 보면 작은 개울이 있어서 봄에 태어난 새로운 생명들을 만날 수 있습니다. 흐르던 개울이 만들어놓은 웅덩이를 자세히 들여다보면 개구리 알과 도롱뇽 알이 보입니다. 개구리 알은 여럿이 모여 덩어리를 이루기

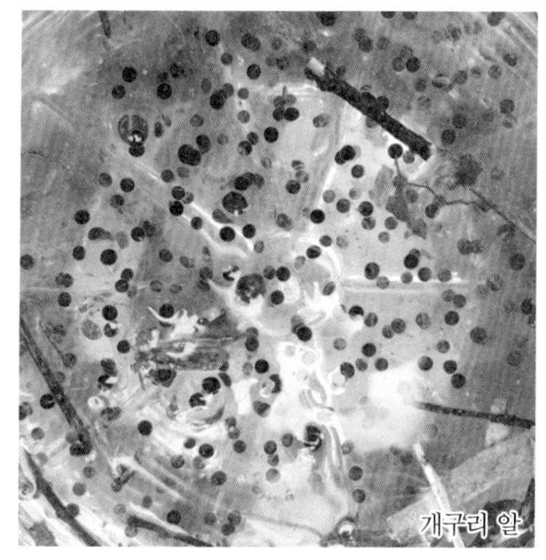
개구리 알

도롱뇽 알

때문에 크기나 생김새가 꼭 모카빵 같습니다. 탱글탱글 하면서도 곧 깨질 듯 연약한 것이 학교 앞 문방구에서 파는 가짜 개구리 알에 비할 바가 아니지요. 도롱뇽 알은 주머니에 들어 있는 모습이 영락없는 순대입니다. 바위에 붙은 알주머니와 그 속의 알, 그리고 알 속에서 꿈틀거리는 유생을 보게 되면 누구라도 감탄하지 않을 수 없습니다. 어린이들은 신기하다, 징그러워도 계속 보고 싶다, 집에 하나만 가져가면 안 되냐, 야단입니다.

안 되죠. 안 됩니다. 수조에 담아서 교실에 두고 어린이들과 날마다 관찰하면 좋겠다는 생각은 제가 더 굴뚝 같습니다만, 선생님이 "아" 하면 학생들은 "아야어여오요우유"까지 할 게 뻔하기 때문에 그 마음을 접어둡니다. 게다가 이 곳은 무등산의 한 자락이고, 국립공원이기 때문에 채집이 엄격히 금지되어 있습니다. 다음에 꼭 다시 데려오겠다고 약속을 하고, 사진도 몇 장 찍어 주고 나서야 발걸음을 옮깁니다.

대기오염을 알려주는 지의류

산길을 다시 걷다가 지의류가 가득 덮인 나무를 만납니다. '땅의 옷'이라는 뜻처럼 마치 나무나 바위가 얇은 이불을 덮고 있는 듯한 모습입니다. 평소에 거의 볼 수 없는 하얀 지의류가 숲 속의 나무를 뒤덮고 있으니 어린이들 눈에는 병든 것으로 보이는 것도 이상한 일이 아닙니다.

지의류는 균류와 조류의 공생체입니다. 단순하게 말하자면 버섯과 미역이 함께 사는 것이지요. 잘못된 만남, 어울리지 않는 한 쌍 같지만 알고 보면 환상의 짝꿍입니다. 균류는 몸을 고정시키고 수분을 흡수하는 역할을, 조류는 광합성을 해서 먹을 것을 만드는 역할을 나눠 맡고 있습니다. 둘이 이렇게 힘을 합치면 두려울 것이 없습니다. 풀 한 포기 살기 어려운 극지방, 덥고 습한 열대우림, 수분 부족이 극심한 사막이나 산소가 부족한 고산지대 등 장소를 가리지 않고 어디서든 잘 살아갑니다. 용암이 분출한 뒤 새로 생긴 암석지대, 아무런 생명도 살지 않는 그곳에 제일 먼저 자리잡고 살면서 생명의 기운을 불어 넣는 것도 지의류입니다.

지구 최고의 적응력을 가진 지의류도 버티지 못하는 곳이 있습니다. 바로 자동차 배기가스가 많은 곳입니다. 산성비의 주범인 아황산가스가 지의류에게 치명적인 영향을 미치거든요. 아황산가스는 식물(지의류에서는 조류에 해당함)의 몸속에서 수분과 반응해 황산으로 바뀌고, 결국 세포를 파괴시킵니다. 평소 학교나 아파트 주변의 나무에서 지의류를 많이 볼 수 없었던 것은 이런 이유 때문입니다. 지의류는 대기오염에 특히 민감하게 반응하기 때문에

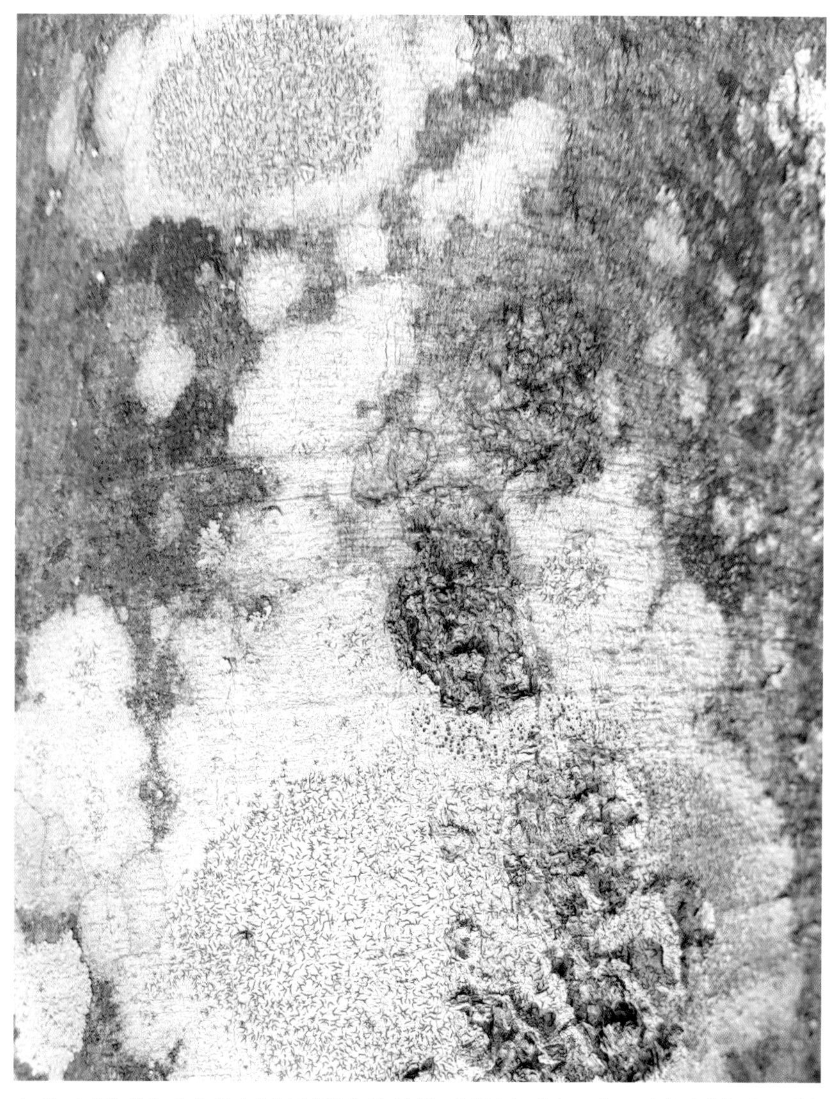

숲 길 트래킹 중에 만난 문자지의(지의류의 한 종류). 상형문자 같기도 하고, 어린 아이가 한글 연습을 하다 남긴 흔적 같기도 한 무늬를 갖고 있어 쉽게 알아볼 수 있다.

SYES

바이오 모니터링에 활용되기도 합니다. 지의류를 이용해 제주지역의 대기오염을 모니터링한 연구가 과학전람회에서 수상을 한 사례도 있습니다.

고등학교 생물 교과서에 나오던 공업흑화를 기억하시나요? 영국에서 산업혁명이 시작되면서 대기오염이 심해졌기 때문에 나무줄기에 붙어살던 희끗희끗한 이끼들이 다 죽었고, 보호색이 통하지 않게 된 흰 나방들은 도태하였으며, 변화에 적응한 검은 나방들은 자손을 이어가 번성하게 되었다는 이론입니다. 오염물질 배출을 제한하는 법이 만들어진 후에는 나무줄기에 이끼들이 다시 살게 되었고, 비로소 흰 나방도 많아지게 되었다는 설명이 자연선택설의 증거로 교과서에 나오곤 했지요.

나무에 붙어 있는 흰 나방과 검은 나방의 사진을 지금도 기억하시겠지만, 실망스럽게도 이것은 죽은 나방을 나무에 붙여놓고 찍은 조작된 사진임이 밝혀졌습니다. 마치 '이 안 뽑을 테니 한 번만 벌려보라'는 말을 믿고 '아~' 했는데, 갑자기 실을 당겨버린 엄마에게 느끼는 것과 같은 배신감과 실망을 안겨준 사건입니다.

짐작하시겠지만, '공업흑화'를 설명할 때 대기오염에 민감한 생물로 소개되던 이끼가 바로 지의류입니다. 아직도 고등학교 교과서에서 가르치고 있는지는 잘 모르겠지만 이끼와 지의류는 전혀 다른 생물이고, 자연선택설은 학계에서도 의견이 분분한 이론이니 학생들에게 설명할 때 주의가 필요하겠습니다.

"그럼, 여기는 공기가 좋다는 거네요?"

네, 맞습니다. 지의류가 사는 곳은 공기가 좋은 곳입니다. 질문을 하는 어린이의 얼굴에 새로운 것을 알게 된 기쁨, 공기 좋은 곳으로 나왔다는 기쁨이 퍼집니다. 이 어린이들을 실내에만 있게 하지 말고 지의류가 사는 숲으로 자주 데려가고 싶다는 생각이 듭니다. 학교에서든 학원에서든 어린이들이 하는 공부는 정해진 자리에 앉아서 책이나 학습지, 혹은 동영상을 보는 것이 대부분입니다. 다른 방식으로 지식을 습득하는 일은 거의 없습니다. 나이를 먹어갈수록 어린이들은 실내 집중형 생활방식을 벗어나기 어려울 것입니다. 공부할 것도 늘어나고, 재미있는 핸드폰 게임도 늘어날 테니까요. 리처드 루브(Richard Louv) 박사의 표현처럼 자연결핍 장애로부터 우리 어린이들을 구해내야 할 때가 된 것 같습니다. 아마존 밀림과 나이아가라 폭포는 알지만 무등산 자락에 살고 있는 개구리 알과 도롱뇽 알은 만나본 적 없는 어린이들에게 살아있는 생태교육은 꼭 필요한 공부입니다.

수업 중에 학생을 잃어버린 교사

일부러 밖에 나왔으니 하나라도 더 가르쳐주고 싶은 건 선생님 마음일 뿐, 어린이들은 전혀 관심이 없어 보입니다. 넓은 잔디밭을 보고 마음이 설레는 중인데 어떻게 가만히 있겠냐는 듯 이리저리 뛰어다니며 즐거워할 뿐입니다. 그런 어린이들을 한 명씩 잡아다가 줄을 서라, 여기 앉아라, 내 말 좀 들어봐라, 한참을 애쓴 후에야 겨우 분위기가 잡힙니다.

이럴 때 얼른 오늘 할 공부를 다 해야 합니다. 노련한 교사는 주의가 집중된 찰나를 놓치지 않는 법이니까요. 오늘의 학습목표는 오감으로 봄을 느끼는 것입니다.

"자, 우리 얼른 느껴보자. 어허! 눈을 감아야 새소리가 느껴지지. 회양목에 핀 작은 꽃의 향기를 맡아봐라. 부드러운 어린잎을 만져보라니까 너는 왜 솔방울만 줍고 다니니."

착하게도 선생님이 시키는 것을 따라 하긴 하지만 어린이들 얼굴엔 재미

둥그렇게 둘러선 어린이들 사이에 무당벌레 한 마리가 앉아있다. 교사는 무당벌레를 이기지 못한다. 그냥 패배를 인정하는 게 낫다.

없는 기색이 역력합니다. 주의 집중 구호를 반복해 봐도 어린이들의 시선은 하늘로, 풀로, 흙으로 제각각 흩어집니다. 그럴수록 제 맘속에서는 어떻게든 학습목표를 달성해야겠다는 교사의 본능이 발동합니다. 담임이 옆에서 보고 있다는 생각을 하니 등에 땀도 나기 시작하네요. 후배교사가 보고 있는데 수업을 포기하고 자유시간을 줄 수는 없다고 자존심을 세워봅니다.

수업을 계속 하려고 안간힘을 쓰는 와중에 생각지도 못한 강적이 나타납니다. 제가 도저히 이길 수 없는 그것, 담임의 눈빛 레이저까지 아무 소용없게 만드는 그것은 바로 무당벌레입니다. 빨간 등껍질을 펼치고 붕붕 날던 무당벌레가 하필 어린이들 사이에 내려앉습니다. 그렇지 않아도 궁금한 게 많은 어린이들 앞에 무당벌레라니요. 방탄소년단이 온다 해도 이렇게 인기가 많진 않을 겁니다. 어린이들은 즐거운 비명을 지르며 무당벌레를 쫓아다니다가 어느새 이곳 저곳 자기 관심 있는 곳으로 흩어져 버립니다. '아, 이렇게 수업이 끝나는구나. 내가 무당벌레에게 지는구나.' 깨끗이 패배를 인정합니다.

생태수업을 맡기 전에는 이런 일이 없었습니다. 얼마 전까진 교육과정과 교과서, 그리고 교실환경까지 수업의 모든 것을 주도하고 책임지는 교사였습니다. 수업 중에 학생을 잃어버리는 일 따위는 해본 적이 없습니다. 어쩌다 학생주도 식의 수업을 할 때도 사실은 미리 멍석을 깔아놓고 그 위에서 학생들이 춤을 추게 유도한 것이지, 이렇게 100% 리얼(real)은 아니었단 말입니다.

제대로 가르치지 못하고 무당벌레에게 져버린 교사가 되어 혼자 어색하게 서 있는데, 산수유나무 쪽으로 갔던 남자 어린이들이 뭔가를 들고 우르르 몰려옵니다. 나무에 붙어있는 이상한 것을 발견했다고, 이게 뭐냐고 묻는 얼굴엔 기쁨과 흥분, 그리고 정체 모를 것에 대한 약간의 긴장이 섞여 있

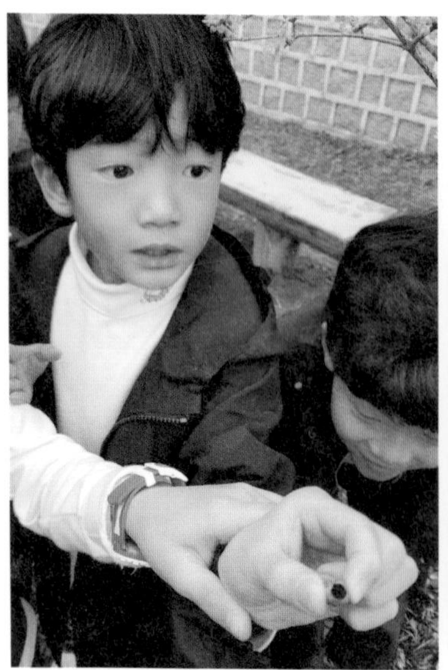

습니다.

그것은 노랑쐐기나방의 빈 고치입니다. 노랑쐐기나방 유충은 6월쯤에 번데기가 됩니다. 동그랗게 구멍이 뚫려 있고 안에 아무것도 없는 걸 보니 작년에 우화하고 남은 것 같습니다. 일 년 가까이 사람 눈에 띄지 않고 매달려 있던 것을 용케도 발견했나 봅니다. 공부하기 싫어서 도망 간 줄 알았는데, 관찰력이 제법입니다.

이번엔 갑자기, 새집을 발견했으니 얼른 오라고 부르는 소리가 들립니다. 새집이 그렇게 쉽게 찾아질 리 없는데요. 의심이 들긴 하지만 저토록 진지하게 불러대는 걸 보니 혹시나 하는 생각도 듭니다. 빨리 오라고 잡아끄는 손을 따라갔더니 위치도, 모양도 뭔가 어색한 새집이 있네요. 바닥에 떨어진 솔잎을 긁어모아 둥글게 쌓고 알을 품을 자리까지 오목하게 만들어서 꽤나 폭신해 보이지만, 아무리 봐도 '새 메이드'가 아니라 '핸드 메이드'입니다. 자기들이 만든 게 분명한데도 실실 웃기만 하고 사실을 말해주진 않으면서 풀을 뜯어다 이불을 깐다, 솔방울로 새알을 품는다, 아주 분주합니다. 곧 있으면 아기 새가 태어났다고 기뻐할 기세입니다. 상상력을 활용한 생태교육이란 교수법을 저는 책으로 배웠는데, 어린이들은 스스로 그걸 하고 있습니다.

나뭇가지를 들고 놀던 어린이는 사슴이 되는 상상에 빠지고, 쑥을 본 어린이는 자연스레 엄마놀이를 합니다. 저는 가르친 것이 없어서 낙심하고 있는 사이에 어린이들 스스로 배우고 있습니다. 관찰, 채집, 자연물 미술활동

에 숲 놀이까지 말입니다. 사람에겐 학습본능이 있고, 학습본능이 구현되는 방식은 놀이라고 하는 말이 무슨 말인지 이제 이해됩니다. 놀이가 저보다 훌륭한 교사였네요. 역사적으로 유명한 예술가와 철학가, 과학자들은 대가가 없는데도 그 행위 자체가 좋아서 일생을 한 곳에 몰입하였죠. 그들에게 삶은 놀이였던 것 같습니다.

우리는 오늘도 밖에 나가서 신나게 잘 놀았습니다. 신나게 노는 어린이들을 스스로 공부하는 어린이들로 보아 주는 것이 제가 할 일이란 걸 배우고 갑니다. 학교로 돌아오는 길, 어린이들은 주말에 다시 와서 자기가 본 것들을 엄마에게 보여주고 싶다고 합니다. 정말 재미있었나 봅니다. 여기가 어디냐고 물어보네요. 여기는 포충사였습니다.

뒷산에서 보는 나무들

어느 동네에나 학교가 있듯이, 뒷산도 하나씩은 있기 마련입니다. 주민들이 운동하러 많이 다니기 때문에 산을 드나드는 입구가 이곳저곳에 있고, 오솔길이 거미줄처럼 연결되어 있다는 공통점이 있지요. 우리 학교 뒷산인 금당산도 그렇습니다. 오솔길 따라 걷다 보면 전망 좋은 정상이 나오고, 무엇보다 학교 화단과 비교할 수 없는 자연식생을 볼 수 있기 때문에 생태수업 시간에 자주 가는 곳입니다.

개나리잎벌 애벌레

아파트와 맞닿은 등산로 입구에는 생울타리로 심어놓은 개나리가 많이 자라고 있습니다. 털이 숭숭 난 까만 애벌레가 득실득실 몰려있는 모습을 보여주며 장난을 좀 쳐보려 했습니다만, 그렇게 많던 애벌레가 한 마리도 보이지 않습니다. 오와 열을 맞춘 것처럼 다닥다닥 붙어 있었는

개나리잎벌 애벌레

데 말입니다.

한 마리도 보이지 않고 감쪽같이 사라진 걸 보니 애벌레들은 모두 땅으로 내려갔나 봅니다. 뿌리 근처 땅 속에서 흙방을 만들고 있겠지요. 1센티미터 깊이에서 흙방을 만든다고 하니 땅을 한 번 파보고 싶지만 '애들이 볼까 무서워' 그냥 둡니다. 이 녀석들은 겨울을 날 때까지 땅 속에서 잘 살다가 내년 봄에 성충이 되어 다시 개나리 잎에 알을 낳을 것입니다.

개나리잎벌 애벌레는 누구 하나 다른 쪽을 향하는 법 없이 머리를 한 방향으로 모으고 서로서로 몸을 밀착시킵니다. 잎 한 장에 열 마리 이상 붙어 앉아서 머리만 좌우로 왔다갔다하며 잎을 갉아먹는 모습은 정말 징그럽습니다. 한두 마리씩 떨어져 있으면 용기를 내어 관찰통에 잡아 넣어볼 텐데, 여럿이 붙어 있으니 소름부터 쭉 돋고 비명까지 '꺄악' 내지르게 됩니다.

애벌레들은 마땅한 방어 무기를 갖고 있는 게 아니기 때문에 이렇게 잔뜩 모여 있기라도 해야 자기 몸을 보호할 수 있습니다. 덩치가 커 보여서 천적에게 위협감을 주기 때문입니다. 관찰이고 뭐고 얼른 던져버리고 싶어지는 걸 보니 개나리잎벌 애벌레의 생존비법은 꽤 효과적인 것 같습니다.

이름이 말해주듯이 개나리잎벌 애벌레는 개나리 잎만 먹고 삽니다. 단순명료한 이름이지요? 개나리잎벌의 생사를 손에 쥐고 있는 개나리는 반전이 있는 나무입니다. 동네 주변에 너무 흔해서 사람들의 관심을 별로 받지 못하지만, 우리나라 특산수종이라 대한민국이 아니고서는 어디 가서 자생종을 찾아 볼 수 없는 귀한 나무지요. 그러니까 개나리잎벌 애벌레는 우리나라 사람만 볼 수 있는 애벌레인 것입니다. 우리나라사람 중에서도 애벌레가 활동하는 짧은 기간, 즉 한 달이 좀 안 되는 시기를 잘 맞춰 관찰에 나선 사람만 볼 수 있는 것이니 이쯤 되면 네잎클로버를 제치고 행운의 상징이 되어도 좋을 것 같습니다.

열여덟 학급을 대상으로 생태수업을 진행하지만 올해 개나리잎벌 애벌레를 본 것은 딱 한 학급뿐입니다. 징그럽다고 야단법석을 떨던 그 어린이들은 자기가 큰 행운을 잡은 것이란 걸 알고 있을까요? 내년엔 열여덟 학급 모두 때를 잘 맞춰서 데리고 와야겠습니다.

산딸기는 누가 먹을까?

때가 늦은 줄도 모르고 개나리를 뒤지다가 애벌레 한 마리 못 보여줬으니 이제는 뭐라도 좀 보여줘야 할 것 같습니다. 뭘 보여줄까 열심히 두리번거리며 숲길을 걸어갑니다. 옳거니! 저 앞에 줄줄이 달려 있는 빨간 열매가 보입니다. 길 양쪽에 늘어선 것은 바로 산딸기나무입니다. 전문가가 아니더라도 꽃, 열매, 애벌레, 잎사귀 등 숲에 오면 재미있는 것 하나쯤은 항상 찾을 수 있습니다. 일찍 온 사람에게도, 늦게 온 사람에게도 차례차례 하나씩 보여주는 숲의 선물입니다. 오늘은 산딸기나무가 당번인가 보네요.

시장에서 파는 딸기는 풀이고 산에 사는 딸기는 나무입니다. 종류가 다양하지만 어린이들 앞에서는 그냥 다 산딸기라고 부릅니다. 그늘을 싫어하고 빛을 좋아하는 수종이라 깊은 산속에서는 산딸기를 보기 어렵습니다. 그저 동네 뒷산 입구나 오솔길 주변에서 흔히 볼 수 있지요. 특히 사람이 다니는 길은 좌우로 훤하게 빛이 들어오는 부분이 많아서 산딸기나무가 좋아하는 곳입니다.

마을과 동네 뒷산이 만나는 곳은 우리가 쉽게 볼 수 있는 직박구리, 박새, 까치 등이 살아가는 장소입니다. 산딸기나무와도 친하게 지내는 새들이지요. 맛있는 열매도 먹고 때론 가시덤불에 몸도 숨길 수 있어서 좋아합니다. 열매를 먹은 새들이 멀리 날아가 똥을 누면 그 자리에서 산딸기나무의 새 삶이 시작될 테니 서로에게 좋은 일입니다.

열매가 빨갛게 된 것은 다 익었다는 신호입니다. '이제 날 먹어도 돼'라는 뜻이지요. 오히려 '부디 나를 먹어줘'라는 말이기도 합니다. 잘 먹혀야 멀리 갈 수 있으니까요. 초록 잎들 사이에서 빨갛게 빛나고 있는 열매는 눈에 아주 잘 띌 뿐만 아니라 굉장히 매력적으로 느껴집니다. 어린이들도 산딸기를 보자마자 "먹어도 돼요?"를 외칩니다. 말 그대로 외치는 소리입니다. 빨간색에는 먹히고 싶은 본능과 먹고 싶은 본능이 다 들어있는 것 같습니다.

산딸기는 누가 먹을까요? 새도 먹고 사람도 먹지만 한 가지 확실한 건 욕심꾸러기는 못 먹는다는 것입니다. 가시가 있다고 주의를 주는데도 듣지 않고 덥석 달려들었다가 손에 박힌 가시를 빼느라 하나도 먹지 못하는 어린이도 있습니다. 산딸기 앞에서는 인솔하는 교사가 신경을 더 써야 합니다.

익은 열매 수가 사람 수만큼 되지 않아 산딸기를 못 먹은 어린이가 '자기 것은 어디 있냐'고 큰 소리를 내며 서운해 합니다. 옆에 있던 친구가 "니 꺼 아니야. 하나님 꺼야"라고 답을 하네요. 그러고는 자기 손에 있던 걸 반 잘라 나눠줍니다. 손톱만한 산딸기를 반씩 나눠 먹고 둘 다 서운한 기색 없이 다시 길을 나섭니다. 5학년 남자 어린이들이 이렇게 예쁠 수도 있을까요? 이런 모습을 보려고 제가 생태선생님을 하는가 봅니다.

산딸기를 맛 본 어린이들은 그 뒤로 뱀딸기만 봐도 반가워합니다. 산딸기 철이 지나 더 이상 못 먹는 것이 꽤나 아쉬운가 봅니다. 숲에 갈 때마다 보이는 게 뱀딸기인데 그때마다 저를 불러 세워놓고 예쁘다, 먹고 싶다, 만져도 되냐, 야단입니다. 꿩 대신 닭이라더니, 산딸기를 맛있게 먹은 어린이들은 뱀딸기만 봐도 그냥 못 지나치네요. 먹어도 되지만 맛이 없다고 말해주니 아무

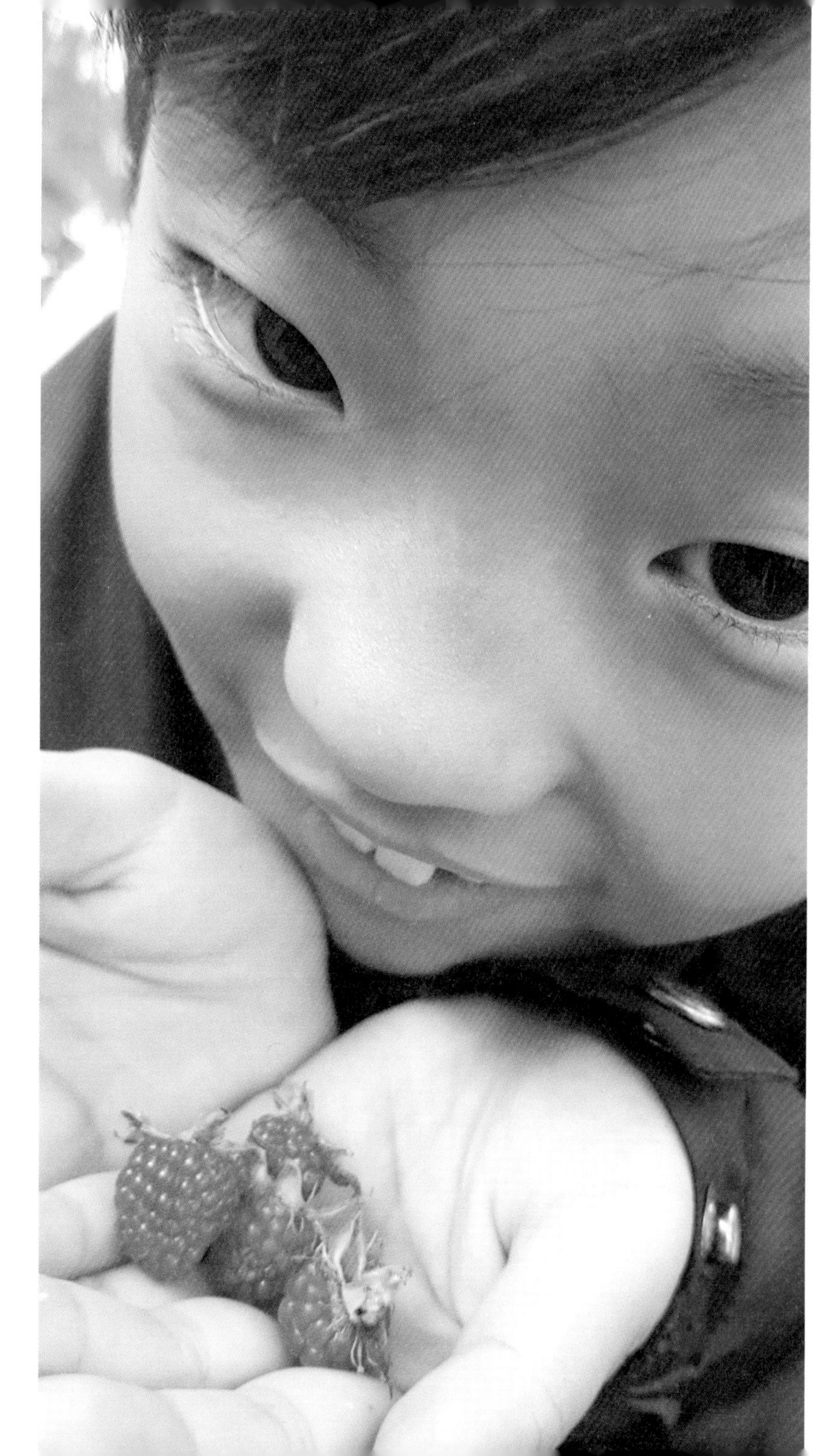

도 먹을 생각을 안 합니다. 이름부터가 영 꺼림칙해서 그렇겠지요.

뱀딸기에 대한 관심은 누가 먹느냐로 이어집니다. 약속이나 한 듯 뱀이 먹는 딸기냐고 꼭 한 번씩 물어보네요. 뱀은 먹지 않습니다만, 누가 먹는지는 잘 모르겠습니다. 모르는 건 모른다고 말해줍니다. 뱀딸기는 줄기가 옆으로 기어가면서 마디마다 뿌리를 내립니다. 뱀처럼 기어가며 번져나가는 모습이 뱀을 연상시켜서 뱀딸기라 부르나 봅니다. 6학년 과학 시간에 기는 줄기를 배우는데 뱀딸기도 좋은 자료가 됩니다.

때죽꽃이 아래를 향해 피는 이유

숲길을 열심히 걸으니 땀이 날 것 같지만 나무가 햇볕을 가려주기 때문에 오히려 시원합니다. 숲은 어느새 풍성한 초록 물결로 넘실거립니다. 어디를 봐도 빈틈이 없는 완전한 초록입니다. 때를 맞추어 때죽나무, 아까시나무, 그리고 찔레나무도 흰 꽃을 피워 올립니다. 초록 물결 속의 흰 꽃잎은 마치 흰 원피스를 입은 아가씨를 보는 느낌이랄까요. 청초한 흰색에 반해서 한 번, 아름다운 향기에 반해서 또 한 번 발길을 멈추게 됩니다.

'꽃길만 걸으라'는 말은 때죽나무 밑에서 써야 하는 말인가 봅니다. 우수수 떨어진 때죽 꽃은 동네 숲길을 결혼식장의 버진로드만큼 아름답게 장식합니다. 흰 꽃잎과 노란 수술머리(꽃가루주머니)가 어우러져 작은 별처럼 보입니다. 그냥 밟고 지나가기 어려워 몇 개씩 골라 어린이들 손에 쥐어줍니다.

그런데 암술은 왜 안 보이는 걸까요? 때죽꽃의 암술은 어디 있는지 찾아보라 했더니 별로 어렵지 않다는 듯 나무를 뒤적여 금세 찾아냅니다. 네, 암술은 꽃이 떨어진 자리에 그대로 붙어 있습니다. 암술을 열매와 연결시켜서 생각할 줄 알다니, 그 동안 생태교육을 해 온 보람이 느껴집니다.

꽃가루받이를 완성하고 떨어진 꽃은 꽃잎과 수술만 있고 암술이 없어서 그 자리가 뻥 뚫려 있습니다. 암술은 꽃이 떨어진 자리에 그대로 남아서 씨방을 살찌워 가겠지요. 가을이 되어 씨방이 다 자라 열매가 된 후에도 암술머리는 여전히 붙어 있습니다. 하지만 제 할 일을 다 완성하지 못하고 떨어진 꽃은 암술도 같이 떨어지고, 어쩔 땐 꽃자루까지 통째로 떨어지기도 합니다. 어떤 장난꾸러기나 혹은 바람이 그렇게 했을 테지요. 오늘 만난 때죽나무 밑에는 암술 없이 구멍만 뻥 뚫린 꽃이 대부분인 걸 보니 올해 자식농사가 잘 되어가나 봅니다. 발에 밟히는 때죽 꽃을 불쌍하게 보지 말고 대견하게 보아야겠습니다.

자식농사에 관해서는 수술도 할 말이 있습니다. 때죽 꽃의 수술이 유난히 크고 두툼한 꽃가루주머니를 달고 있는 것은 꽃이 아래를 향해 피는 것과 관계가 있습니다. 가지에 대롱대롱 매달려 아래를 향해 피어있는 꽃은 꿀벌을 기다리는 꽃입니다. 등에류, 딱정벌레류, 나방류 등 많은 곤충이 꽃을 찾아오지만 그 중 꿀벌류는 다른 곤충에 비해 비행기술이 좋아서 상하좌우 어느 방향에서든 꽃에 착륙할 수 있습니다. 아래를 향해 피는 꽃에 착륙하는 일은 나비보다 꿀벌이 훨씬 잘 합니다.

배가 보이도록 거꾸로 뒤집어져 날아든 꿀벌 손님이 마음 편히 꿀을 먹을 수 있으려면 몸을 안전하게 고정시킬 발판이 필요합니다. 이럴 땐 크고 두툼한 꽃가루주머니가 안성맞춤이지요. 꿀벌은 여섯 개의 다리로 꽃가루주머니를 끌어안고 거꾸로 매달려 꿀을 먹습니다. 어린 아이가 곰 인형 끌어안듯이 온 몸으로 꽃가루주머니를 끌어안았으니 자연스레 꿀벌의 몸은 꽃가루 범벅이 되어버립니다. 꽃 입장에서 이보다 좋은 방법은 없을 것 같습니다. 꿀벌에게 온 몸을 내맡긴 수술 덕분에 올해 자식농사는 아주 성공적입니다. 바깥쪽으로 까지면서 말려 올라가는 꽃잎도 꿀벌을 위한 발판입니다. 다리 끝을 걸치고 매달리기 좋거든요. 박쥐나무나 정금나무 꽃을 떠올려보세요. 아래를 향해 피는 꽃들은 꽃잎이나 수술에 특징이 있습니다.

때죽꽃이 피면 꿀벌 손님이 많이 찾아와 윙윙 붕붕 소리가 제법 시끄러울

때죽나무 꽃

정금나무 꽃

박쥐나무 꽃

정도입니다. 어린이들은 벌만 보면 호들갑을 떨며 소리를 지르지만 일 하느라 바쁜 벌들은 사람에게 관심이 없습니다. 그럴 때는 아주 가까이 가서 관찰을 해도 공격하지 않으니 걱정하지 마세요. 곤충을 좋아하는 남자 어린이들에겐 꿀벌을 채집할 수 있는 좋은 기회가 됩니다.

채집 한 곤충은 관찰 후에 반드시 놓아주어야 합니다. 생태교육 시간은 과학적 탐구심뿐 아니라 생태적 소양을 가진 어린이를 기르는 것이 주된 목적이기 때문에 곤충이 원래 생활하던 곳에 놓아주는 것까지 가르칩니다. 저학년일수록 욕심을 부리긴 하지만 몇 번 연습을 하다 보면 잘 놓아줍니다. 여자 어린이들은 때죽꽃 구멍에 솔잎이나 벚나무 열매를 끼워 예쁜 헤어핀을 만들기도 하면서 재미있게 놀 수 있습니다.

밤송이는 처음부터 밤송이다

때죽꽃이 지고 나면 그 다음은 밤나무 차례입니다. 밤나무는 깊은 산 속이나 국립공원 같이 인위적인 간섭이 닿지 않는 곳에서는 흔히 보기 어렵습니다. 반대로 동네 뒷산같이 사람이 많이 다니는 곳에서는 쉽게 볼 수 있지

때죽꽃 구멍에 벚나무 열매를 끼워 만든 헤어핀

요. 밤나무가 사는 숲이라면 주변에 마을이 가까이 있다는 뜻입니다.

꽃이 핀 밤나무는 숲 속 무대에 새로 등장한 주인공처럼 시선을 독차지합니다. 꽃이 필 때만큼은 숲의 주인공이 틀림없습니다. 열매가 달렸을 때보다 더 확실하게 자기의 존재를 드러내니까요. 밤나무 꽃은 특유의 향기로 잘 알려져 있습니다. 이 향기는 특히 저녁 무렵에 더 진해집니다. 저녁밥 차려 먹고 산책을 나서면 온 동네를 맴도는 진한 꽃향기를 느낄 수 있습니다.

밤나무 꽃이라고 하면 대부분 연노랑색 긴 꼬리모양의 꽃차례를 떠올립니다. 나무 전체를 뒤덮을 듯 가득 피기 때문에 누구라도 한 번은 봤을 테지만, 그게 모두 수꽃이라는 사실을 아는 사람은 별로 없습니다. 밤나무 암꽃을 찾을 줄 안다면 나무를 좀 아는 사람이지요. 밤나무 암꽃은 수꽃 바로 밑에 있습니다. 꼬리처럼 기다란 수꽃이 시작되는 부분에서 아래로 2~3센티미터쯤 내려가면 동그랗고 뾰족뾰족한 연두색 뭉치를 만나게 됩니다. 어린 아이 새끼 손톱만하지만 벌써부터 밤송이 모양을 하고 있는 암꽃차례입니다. 암꽃차례를 둘러싼 뾰족뾰족한 것들은 포엽이라고 부르는데 이것도 일종의 잎입니다. 새순이나 꽃 옆에 붙어 나면서 중요한 부분을 보호하는 역할을 하지요. 포엽이 모여 있으면 총포라고 부릅니다. 지금은 아주 작은 잎 모양이지만 포엽이 좀 더 자라면 찌르는 가시가 됩니다. 그러니까 밤송이의 가시는 잎이 변해서 생긴 것이고 엽록소도 여전히 가지고 있습니다.

총포 안에는 연노랑색 암꽃 세 송이가 한 줄로 나란히 들어 있습니다. 재미있게도 모든 암꽃차례가 총포 하나에 암꽃 세 송이입니다. 어느 가지를

밤나무 암꽃

뒤져봐도 더 많은 암꽃이 들어 있는 경우는 없습니다. 밤송이를 많이 까 본 사람은 이것을 볼 때 "아하!"하는 깨달음이 생깁니다. 밤송이가 아무리 크고 잘 익었어도 밤알 수는 항상 세 개를 넘지 않는다는 걸 떠올리는 것이죠. 암꽃 세 개가 모두 수정되면 밤알도 세 개, 암꽃 두 개만 수정되면 쭉정이가 하나 끼는 것입니다.

알밤 삼형제를 떠올리며 신이 나서 설명하는데 듣는 어린이들은 영 반응이 없습니다. 무표정한 얼굴로 듣기만 하는 걸 보니 서운한 마음이 듭니다. 왜 재미를 못 느끼냐고 타박을 하려다가, '아, 경험이 없어서 그렇구나'하는 생각이 듭니다. 밤송이를 까 본 적이 거의 없으니 재미도 신기함도 못 느끼는 것입니다.

도시에 사는 어린이들은 자연경험이 정말 부족한 것 같습니다. 유치원 때 체험학습으로 알밤 줍기를 해 봤지만, 미리 수확해서 바닥에 뿌려놓은 알밤을 서너 명씩 달려가 줍는 것이 체험의 전부입니다. 그걸 자연경험이라고 하긴 어렵지요. 가시에 찔릴까 염려되더라도 진짜를 경험하게 해주면 좋겠습니다. 어릴 때 해본 자연경험은 언젠가는 반드시 지식과 지혜로 변하게 될 것입니다.

땅에 떨어진 밤나무 수꽃을 주워다 글자놀이를 합니다. 길쭉길쭉 하기 때문에 글자를 만들기 좋습니다. 숲에 들어온 느낌을 한 단어로 만들어 쓰라고 해도 되고 받아쓰기를 봐도 됩니다. 맨날 교실에서 보던 받아쓰기를 밤나무 밑에 쪼그리고 앉아 보면 재미있습니다. 떨어진 수꽃이 모자랄 때는 서너 명씩 팀을 짜서 받아쓰기를 봅니다. 공부를 안 해온 어린이도 친구들 덕에 백 점을 맞고 기분 좋게 웃습니다.

엽록소와 카로티노이드

식물은 왜 초록색일까요? 엽록소는 적외선이나 자외선이 아닌 가시광선을 흡수하여 광합성을 합니다. 사람의 눈과 비슷한 면이 있지요. 하지만 엽록소가 가시광선을 모두 흡수하는 것이 아니고 그 중 초록색과 노란색 쪽의 빛은 반사시키기 때문에 식물이 초록색으로 보이게 됩니다.

식물 입장에서 광합성은 밥 공장을 돌리는 일이기 때문에 빛을 잘 흡수하는 것이 매우 중요합니다. 그래서 식물은 직경 생장보다 수직 생장에 우선적으로 에너지를 투자합니다. 혹시 주변에 경쟁자가 많은 곳이라면 식물은 좁고 길게 자라 보다 높은 곳을 차지하려고 합니다. 마주나기, 어긋나기, 돌려나기 같은 잎차례에 맞춰 규칙적으로 잎을 내는 것 역시 잎이 빛을 잘 받기 위함입니다.

밥 공장을 돌리는 일은 엽록소가 맡아서 합니다. 이렇게 중요한 일을 엽록소 혼자서 하다가 혹시라도 배곯는 일이 생길까 걱정이 되었나 봅니다. 식물은 몸속에 카로티노이드라는 광합성 보조 색소를 선물 받았습니다. 카로티노이드라고 하면 당근이나 파프리카에 많이 들어있는 색소쯤으로 생각하기 쉽지만, 사실 엽록소를 보조하여 광합성을 돕는 것이 카로티노이드의 가장 중요한 기능입니다. 카로티노이드는 엽록소와 손을 잡고 길게 늘어서서 햇빛을 흡수하고 그 에너지를 고스란히 엽록소에게 넘겨줍니다. 마치 투수가 던지는 공을 받으려고 팔이 10개 달린 포수가 기다리고 있는 것처럼 말입니다. 이 과정은 깔때기나 안테나에 비유하기도 합니다. 넓게 팔을 벌려 수확한 빛 에너지를 한 군데로 몰아주니까요. 이렇게 하면 엽록소 혼자 할 때보다 더 많은 햇빛을 흡수할 수 있고, 당연히 광합성도 더 많이 할 수 있습니다. 카로티노이드는 밥 많이 먹고 쑥쑥 크라고 하늘이 식물에게 내려준 선물입니다.

엽록소는 빛을 좋아하지만, 너무 강한 빛에서는 오히려 파괴되어 버립니다. 한여름 땡볕은 사람에게만 해로운 것이 아니지요. 강한 빛은 식물의 몸

속에서 활성산소를 만들어내고, 활성산소는 엽록소를 표백시켜 버립니다. 이런 현상을 광산화 작용이라고 하는데, 과탄산소다와 과산화수소를 생각하면 이해하기 쉽습니다. 과탄산소다는 활성산소를 발생시켜 빨래의 표백과 살균을 도와줍니다. 과산화수소를 이용해 상처를 소독하는 것 역시 활성산소 때문에 가능한 일입니다. 예전엔 좀 논다는 청소년들이 과산화수소로 머리를 노랗게 탈색하기도 했지요. 용돈이 부족해서 미장원을 갈 수 없을 때 쓰던 방법입니다.

활성산소에 의해 엽록소가 표백되면 잎은 더 이상 광합성을 하지 못하고 때 이른 낙엽이 되어 버립니다. 엽록소가 좋아하는 빛이 때로는 이렇게 엽록소를 파괴하기도 합니다. 광교신도시가 한참 만들어질 당시, 도로 공사를 하면서 키 큰 나무들을 베어버린 일이 있습니다. 신도시를 만들 때는 흔히 있는 일이지만 문제는 그 옆에 있던 인삼 밭에서 일어났습니다. 인삼은 강한 빛을 싫어하는 식물인데 갑자기 직사광선을 받게 되면서 광산화 작용이 일어난 것입니다. 경기도시공사가 인삼 밭 주인에게 5억을 보상하라는 판결로 마무리된 복잡한 사건이지요.

하지만 극단적인 경우가 아니라면 광산화 작용의 피해를 심하게 걱정하지 않아도 됩니다. 빛 수확을 도와주는 카로티노이드가 광산화 작용을 막아주는 일도 하기 때문입니다. 카로티노이드의 두 번째 중요한 기능은 한여름 땡볕으로부터 엽록소를 보호하는 것입니다. 잘 알려진 대로 카로티노이드는 강력한 항산화제입니다. 활성산소의 에너지를 빼앗아 무독화시키지요.

평소엔 도우미, 위험할 땐 보디가드! 식물은 밥 공장 돌리는 재료를 공짜로 얻을 뿐 아니라 공장 도우미 겸 보디가드까지 갖고 있습니다. 먹고 사는 걱정을 할 필요가 전혀 없는 것입니다.

카로티노이드는 식물에게만 주어진 선물입니다. 그래서 다른 동물들처럼 사람도 식물에게서 빌려와야만 합니다. 젊고 건강하게 살려면 채소를 먹어야 하는 이유입니다. 다행히 이 선물은 사람의 몸속에서도 제 역할을 충실히 수행하니 고마울 따름입니다. 어려운 설명 끝에 채소를 많이 먹으라는 말까지 덧붙였더니 어린이들 표정이 영 재미없어 보입니다. 말 좀 그만하고 빨리 가자고 재촉하네요. 잔소리는 역시 재미없지요. 기분 좋게 그냥 숲길이나 걸을 걸 그랬습니다.

여름 들판의 주인

봄에 나와서 놀았던 들판을 여름이 되어 다시 찾아왔습니다. 같은 곳인 듯, 다른 곳인 듯 익숙하면서도 새롭습니다. 생태교육 시간에는 몇 군데 장소를 정해놓고 돌아가며 계속 찾아갑니다. 익숙함이 주는 편안한 느낌도 이유가 되지만, 더 큰 이유가 따로 있습니다. 갔던 곳을 또 가는 이유는 계절의 흐름에 따라 변해가는 자연 생태계의 모습을 관찰하기 위해서입니다. 느리게 변하는 것 같지만 일주일 사이에도 달라지는 것이 자연이니까요. 오랜만에 나와 본 이곳도 주인공이 새로 바뀌어 있습니다. 여름 들판의 주인, 바로 곤충입니다.

엄마를 꼭 닮은 곤충들

우리 지역은 야생 진드기 피해 사례가 많이 보고되는 곳이 아니지만 오늘처럼 풀밭에 오래 머무르는 날엔 곤충기피제를 사용합니다. 혹시 코에 들어

갈까 봐 뒤돌려 세워놓고 한 명씩 꼼꼼히 뿌려주지요. 곤충채집을 하면서 곤충기피제를 뿌리는 상황이 우습긴 해도 생태선생님은 안전을 책임져야 하니까 어쩔 수 없습니다.

냄새 때문에 다 도망갔으면 어떡하나 걱정한 것과 달리 채집통을 들고 잔디밭에 몇 분만 서 있으면 곤충 한 마리쯤은 쉽게 잡을 수 있습니다. 어린이들은 그게 무엇이 되었든 상관하지 않고 곤충이라면 무조건 잡아넣습니다. 그러고는 잡은 곤충을 서로 비교하면서 더 크고, 더 울퉁불퉁하고, 더 기괴하게 생길수록 멋지다고 생각합니다. 더 멋진 곤충을 잡은 어린이는 친구들의 관심과 부러움을 사게 되지요.

곤충을 무서워하는 사람이라도 이맘때 만나는 메뚜기와 사마귀는 큰 거부감 없이 관찰할 수 있습니다. 보드랍고 연약한 연두색 몸을 가진 아기일 뿐이거든요. 메뚜기와 사마귀는 불완전 변태를 하는 곤충이기 때문에 알에서 나올 때부터 어른벌레와 비슷한 모습입니다. 겨우 2센티미터가 될까 싶은 아기 사마귀가 풀잎에 붙어 있는 모습은 하나도 무섭지 않고 귀엽기만 합니다. 아기 메뚜기는 그것보다 더 작지만 점프만큼은 아무 문제 없이 잘 합니다.

이런 아기 곤충들은 애벌레라고 하지 않고 약충이라고 합니다. 약충은 어른벌레의 축소판처럼 보이지만 왠지 더 귀엽고 사랑스럽습니다. 단지 몸이 작기 때문만이 아니라 신체 비율에 그 이유가 있습니다. 사람의 아기처럼 약충도 몸에 비해 머리가 큰 편입니다. 어른벌레에 비해 머리가 차지하는 비율이 크다 보니 만화 캐릭터 같은 느낌이 드는 것이지요. 사람이든 곤충이든 역시 아기는 다 귀여운 것 같습니다.

현재까지 동정된 것만 백만 종이 넘을 정도로 곤충은 다른 동물에 비교할 수 없을 만큼 종류가 많습니다. 앞으로 학문이 더 발달해 지구상의 모든 곤충을 종류대로 분류하게 되면 4백만에서 6백만 종에 이를 것으로 추정됩니다. 동정된 조류가 9천 종이 채 되지 않는 것에 비하면 엄청난 다양성이지요. 지구상 종 다양성의 적어도 반을 차지하는 것입니다. 뿐만 아니라 곤충은 개체수도 많습니다. 새끼를 몇 마리 낳아 먹이고 돌봐가며 키우는 포유류와 달리, 곤충은 따로 에너지를 쓰며 돌보지 않아도 저절로 부화하고 성장하는 다수의 알을 낳습니다. 게다가 세대교체 기간도 매우 짧기 때문에 일년에도 몇 차례씩 생활사가 돌아가곤 합니다. 개체수가 많을 수밖에 없지요. 그래서 학자들은 지구상의 모든 동물을 데려와 종별로 무게를 잰다면 틀림없이 곤충이 가장 무거울 거라고 추측합니다.

종류도 많고 개체수도 많지만, 다행히도 곤충은 몸집이 작습니다. 몸집이 작은 만큼 먹이도 적게 먹기 때문에 곤충과 생태계 양측에게 다행이라는 것입니다. 작은 나무 한 그루는 염소에게 하루치 식량이 되지만, 곤충 수십 마리에게 온전한 생활터전이 되기도 합니다. 나비 애벌레는 나뭇잎을 갉아먹고, 하늘소와 진딧물은 나무 수액을 먹으며, 풍뎅이는 꽃가루를, 바구미는 열매를 먹습니다. 이 많은 곤충들이 몸집까지 컸다면 어떻게 되었을까요? 아마 양측 모두 살아남지 못했을 겁니다. '보이지 않는 손'은 시장 경제 속

죽은 척 하고 있는 대벌레. 얼마나 놀랐으면, 뻗었던 다리를 오므리지도 못했다. 더듬이처럼 보이는 것은 만세 자세로 뻗은 앞다리다.

에만 있는 게 아닙니다. 개체수가 많은 곤충은 작은 몸집을, 몸집이 큰 포유류는 적은 개체수를 갖도록 조절하는 보이지 않는 손 덕분에 자연 생태계는 오늘도 균형을 유지하며 원만하게 돌아가고 있습니다.

이름을 알려줘야 할까?

관찰을 처음 시작하는 어린이들의 특징은 이름을 자꾸 물어보는 것입니다. 식물이든 곤충이든 관심이 가는 대상의 이름을 물어봅니다. 그런데 이름을 듣고 나면 더 이상 관찰을 하지 않고 가버립니다. 다 알았다고 생각하는 것 같습니다. 차라리 이름을 알려주지 않았다면 더 오래 들여다보지 않았을까 싶어집니다.

고학년과 밖에 나갈 때는 곤충도감을 들고 가기도 하지만 대부분의 경우엔 도감 없이 그냥 나갑니다. 진짜 마음에 드는 곤충을 발견하면 자세히 봐두었다가 학교 도서관에서 이름을 찾아보게 하면 됩니다. 그렇게 배운 것은 내 지식이 됩니다. 물론 이름을 알아야 더 잘 배워지는 곤충도 있습니다. 생김새나 특징을 이름에 담은 경우입니다. 오늘 채집한 곤충들 중에도 그런 것들이 있습니다.

무당벌레는 색과 점무늬의 변이가 아주 심해서 점이 하나도 없는 것부터 28개나 되는 것까지 다양하게 발견됩니다. 자기 마음대로 인 것 같은 점무늬도 공통점이 하나 있는데, 바로 개수와 상관없이 좌우 등딱지에 동일한 숫자, 동일한 형태를 보이는 것입니다. 완벽한 대칭이지요.

그렇다고 무당벌레의 점 무늬 개수가 항상 짝수라는 것은 아닙니다. 칠성무당벌레는 빨간 등딱지 위에 검은 점이 좌우 세 개씩 모두 여섯 개입니다. 그리고 양쪽 등딱지가 만나는 부분에 반달모양 검은 점이 하나씩 더 있습니다. 날개를 모으면 온전해지는 점까지 합쳐서 일곱 개, 그래서 칠성입니다. 점 하나도 대칭으로 나눠 갖고 있는 걸 보니 역시 무당벌레답습니다.

실잠자리는 이름처럼 몸이 작고 가냘픕니다. 오늘 채집한 방울실잠자리는 암컷과 수컷을 쉽게 구별할 수 있습니다. 수컷은 다리에 흰색 방울을 달고 있거든요. 방울실잠자리 수컷은 가운뎃다리와 뒷다리의 종아리부분이 물방울처럼 통통한 모양입니다. 마치 튀어나온 알통 같기도 하고 흰 양말을 신은 것 같기도 합니다. 싸움이나 구애에 사용하는 방울을 종아리에 달

짝짓기 중인 방울실잠자리. 수컷의 다리에 방울이 달려있다.

고 있어서 이름도 방울실잠자리입니다. 암수 구별하는 것을 배우고 나면 어린이들은 으레 짝짓기가 생각나나 봅니다. 다른 통에 들어 있는 암컷과 수컷을 한 통에 넣고 싶어 애를 씁니다만 방울실잠자리는 그 틈을 타서 날아가 버리지요.

5학년 여자 어린이가 들고 온 채집통 안에 검은 곤충 한 마리가 들어있습니다. 가늘고 길쭉한 몸과 잘록한 허리를 보면 영락없는 왕개미 같습니다. 걷는 모습도 개미를 닮았고요. 근데 뭔가 조금 어색합니다. 개미처럼 몸이 세 덩어리로 나뉘는 듯 보이지만 이 녀석은 그게 명확하지 않습니다. 이게 뭘까 고민하고 있었더니 이번엔 저에게 다리가 몇 개인지 세어 보라고 시킵니다. 어, 다리가 네 쌍이네요. 개미를 많이 닮았지만 개미는 확실히 아닙니다.

저로서는 볼수록 당황스러운데, 5학년 여자 어린이는 덤덤한 표정으로 별거 아니라는 듯이 한 마디 해주고 갑니다.

개미거미

"이건 개미거미예요."

아하, 개미를 닮은 거미라 개미거미구나! 한 번 들었는데 바로 이해가 되면서 그것만큼 어울리는 이름도 없을 거란 생각이 듭니다. 역시 이름을 알아야 더 잘 배워지는 곤충도 있습니다. 오늘은 제가 학생이고 5학년 어린이가 선생님이네요. 삼인행 필유아사(三人行 必有我師). 생태수업을 나선 길에서 만난 어린 선생님입니다.

들에서 하는 미술활동

곤충들 뒤를 쫓아다니다가 힘들어지면 정자 그늘에 앉아 미술활동을 합니다. 원형 브로치 핀에 은행알을 붙이고 네임 펜으로 그림을 그리면 멋진 무당벌레가 됩니다. 무당벌레쯤은 익숙하다는 듯 어린이들은 망설임 없이 그림을 그려나갑니다. 색깔도 점무늬도 다양한 은행알 무당벌레들을 모아 놓으면 아주 예쁘기 때문에 어린이들이 좋아하는 활동입니다. 그 속에 가끔 이상한 무당벌레가 들어 있어 골라내기도 하지만 말입니다.

무당벌레를 자세히 관찰하지 않고 신나게 놀기만 한 어린이는 점무늬도 신나게 그려놓습니다. 좌우대칭 법칙을 모르는 것이지요. 그 어린이만 쏙 잡아다가 관찰을 다시 시키면 됩니다. 관찰 안 하고 놀기만 한 사람이 누군지 선생님은 원래 다 아는 법입니다.

흰 손수건이 있으면 꽃물들이기 활동도 할 수 있습니다. 손수건을 반으로 접어 그 사이에 꽃잎과 나뭇잎을 넣습니다. 딱딱한 바닥 위에 놓고 쇠순

가락으로 손수건을 두드리면 노랗고 빨간 꽃물이 배어나옵니다. 비싼 손수건 대신 빨아 쓰는 종이행주도 좋습니다. 물이 잘 드는 것으로는 금계국과 장미, 단풍잎, 버찌 등을 추천할 만합니다. 이 활동을 하면서 카르티노이드, 안토시아닌 같은 어려운 말은 몰라도 괜찮습니다. 우리 모두는 자기만의 고유한 색을 가진 존재이고, 너와 나의 색이 어우러지면 더 아름다워진다는 것만 느끼면 됩니다.

나무에 걸어놓은 손수건들이 들바람에 흔들립니다. 한복 자락마냥 운치 있고 아름답습니다. 여유로운 여름 들판은 그 자체로 그림 같습니다. 학교 끝나면 바로 학원에 가느라 바쁜 요즘 어린이들에게 생태수업이 줄 수 있는 쉼과 위로입니다.

한여름의 생태수업

학교에서 차로 10분 거리에 풍광이 아름답기로 유명한 저수지가 하나 있습니다. 50년 전에는 농업용수를 공급하는 것이 주 목적이었지만, 지금은 잠시 짬을 내어 찾아오는 도시사람들에게 공원 같은 역할을 하는 곳입니다. 생태수업 시간에는 크게 펼쳐 놓은 교과서가 되고요. 오늘은 전남 화순 세량지에서 한여름의 생태수업을 시작합니다.

저수지로 올라가는 그리 멀지 않은 길을 이것저것 구경하고 참견하면서 천천히 걸어갑니다. 마침 해바라기 꽃 수 백 송이가 만발한 것을 보고 어린이들이 발을 떼지 못하네요. 짙은 녹음을 배경으로 펼쳐진 노란 꽃밭이 그야말로 장관입니다. 해바라기뿐 아니라 배롱나무, 분꽃, 백일홍 등 대부분의 여름 꽃은 이렇게 강렬한 색 대비를 보여줍니다. 초여름엔 분명 흰 꽃 일색이었는데 말입니다. 아까시나무, 때죽나무, 쥐똥나무, 심지어 헛꽃을 피우는 산딸나무와 백당나무까지 모두 흰색 꽃을 피워 청초한 아름다움을 보

해바라기는 바깥쪽에서 안쪽으로 차례대로 꽃이 피는 무한화서다. 꿀벌이 앉은 곳은 한창 피어 있는 꽃이고, 바깥 쪽은 이미 수정된 꽃, 안쪽은 아직 피지 않은 꽃이다. 작은 꽃 여러 송이가 함께 모여 피는 두상화의 특징을 잘 관찰할 수 있다.

여줬었지요.

식물이 이렇게 다양한 시기에 다양한 꽃을 종류대로 피우는 것은 사람의 행복을 위해서입니다. 사람은 곤충들처럼 꽃을 직접적으로 이용하지 않습니다. 물론 꽃이 만드는 열매를 먹고 살기는 하지만, 꽃 자체를 일차적으로 이용하면서 생존하지 않는다는 말입니다. 냉정하게 말해 꽃은 사람이 먹고 사는 데 하나도 도움이 되지 않습니다.

하지만 사람이 행복하게 사는 데는 큰 도움이 된다는 것이 과학자들의 연구에 의해 계속 밝혀지고 있습니다. 숲을 산책하며 꽃을 보고, 열매를 따서 놀이를 하는 등의 활동을 하면 코티솔, 아드레날린 같은 스트레스 호르몬이 감소합니다. 사회성 문제, 비행적 행동, 불안 억울증이 감소한다는 연구도 많이 발표되고 있습니다. 사람은 꽃을 봐야 행복해지고, 식물은 사람을 위해 자기 개성을 뽐내는 것입니다. 만약 모든 식물이 같은 시기에 같은 모양의 꽃만 피운다면 "우와 신기하다. 정말 아름답다"는 탄성을 지를 일도 없을 것이고, 우리는 전혀 행복하지 않을 겁니다.

그래서 저는 어린이들을 데리고 숲으로 가는 것에 의무감을 느낍니다. 1학년 어린이가 자기 얼굴만한 해바라기 앞에 서서 꽃에 모여든 꿀벌 숫자를 세어보고는 정말 대단하다고, 이런 건 평생 처음 본다고 소리 지르며 행복해하는 걸 계속 보고 싶습니다. 땀이 줄줄 흐르는 여름에도 포기할 수 없는 일이지요.

한여름에 볼 수 있는 중국청람색잎벌레

강아지풀 이삭으로 토끼도 만들고, 별똥별도 만들고, 허리 뒤에 끼워 꼬리 흉내도 내면서 저수지까지 신나게 걸어갑니다. 토끼를 더 만들어달라는 어린이들 성화에 못 이겨 풀숲에 들어가 강아지풀을 뽑고 있는데 불쑥, 남색 딱정벌레 한 마리가 눈에 들어옵니다. 빛을 받아 반짝이는 등딱지가 보석처럼 아름다운 중국청람색잎벌레입니다. 눈을 뗄 수 없을 만큼 매력적인 곤충의 색깔을 뭐라고 말해야 할까요? TV에서 보던 깊은 바다 같다고밖에 표현할 길이 없습니다. 이 녀석을 찾느라 6월부터 박주가리 잎을 뒤지고 다녔는데, 드디어 오늘 만나게 되었네요.

중국청람색잎벌레는 이름만 그렇지 사실은 우리나라 토종 딱정벌레류입

강아지풀로 토끼도 만들고 별도 만들고....

니다. 1센티미터를 좀 넘는 크기에 둥글 넙적한 몸매가 아주 귀엽습니다. 등딱지 속에 얇은 날개가 있어 부웅 날아올랐다가 멀리 가지 않고 툭 떨어지는데, 열 번 중에 한 번이나 볼까 말까 할 만큼 흔치 않은 장면입니다. 아무래도 몸이 무거운 것인지 대부분의 시간을 박주가리 줄기 위에서 보내며 느릿느릿 걸어 다닐 뿐입니다. 그러다가 우리 어린이들 같이 귀찮은 상대를 만나면 풀숲으로 뚝 떨어져 자취를 감추는 것을 최고의 자기 방어라고 생각하는 순한 곤충이지요.

중국청람색잎벌레를 처음 본 남자어린이들이 흥분을 감추지 못합니다. 예쁘기만 하고 하나도 무섭지 않으니까요. 한 마리만 잡아 달라고 너도나

박주가리 줄기에서 살아가는 중국청람색잎벌레

도 야단이지만, 박주가리를 찾을 때까지는 어린이들이 좀 참아야 합니다. 다른 곤충들과 달리 중국청람색잎벌레는 박주가리를 아주 좋아해서 그 주변을 떠나지 않기 때문입니다.

이름으로 알아보는 박주가리의 특성

박주가리는 이름으로 그 특성을 대략 짐작할 수 있는 식물입니다. 박처럼 반으로 갈라지는 열매 속에 씨앗이 가득 들어있는데, 손 안에 쏙 들어올 만큼 열매 크기가 작기 때문에 쪼가리라는 말이 붙었습니다. 덩굴성 초본이라 다른 식물이나 기둥 같은 것을 타고 올라가 높은 곳에서 햇빛을 차지하는 점도 박과 닮았습니다.

영어로는 박주가리를 'Japanese Milkweed'라고 부릅니다. 영명에 'Japanese'가 들어가면 일본뿐 아니라, 한국, 중국 등 동아시아 지역에 넓게 퍼져 자생하는 식물이라고 생각해도 거의 무리가 없습니다. 원래 박주가리는 우리나라 산과 들에서 흔히 볼 수 있고, 우리 조상들의 삶과도 밀접한 연관이 있는 식물입니다. 옛날엔 박주가리 씨앗에 붙은 갓털을 모아서 겨울 의복의 방한재로 쓰거나 도장밥, 바늘방석 등을 만들었다고 합니다. 영명에 'Japanese', 학명에 'japonica'라는 단어를 써가며 일본과 연관지을 이유가 전혀 없는 것입니다. 안타깝고 속상하지만 이제는 어쩔 수 없습니다. 국제적으로 사용되는 식물이름을 지을 때는 '개똥참외도 먼저 맡은 놈이 임자'라는 법칙이 적용되기 때문입니다. 그래서 식물을 공부하다 보면 우리나라가 독립한 게 맞는지 의심스러울 때가 있습니다. 발에 차이는 들풀 하나까지 빼앗겨 놓고 우리는 너무 무덤덤하게 사는 것 같습니다.

박주가리의 가장 중요한 특성은 'Milkweed'라는 단어에서 알 수 있습니다. 박주가리 줄기나 잎을 찢으면 우유같이 하얀 유액이 즉시 솟아나 방울방울 맺힙니다. 잎맥이 굵은 부분에서는 주르륵 흐르기도 하는 유액은 박주가리가 만들어내는 자기방어물질입니다. 독성이 있어 맛이 쓰고 소화가 잘 되지 않기 때문에 박주가리를 한 번 맛 본 곤충은 다시 먹고 싶어 하지 않게 되지요.

쓴 맛으로 먹겠다는 곤충이 혹시 있다 해도 그냥 참으라고 충고해 주는 게 좋습니다. 박주가리 유액은 쓴 맛보다 점성이 더 무서운 자기방어물질입니다. 찢어진 잎에서 막 나온 유액을 손으로 만지면 약간의 끈적임이 느껴질 뿐입니다. 하지만 시간이 좀 지나고 유액이 마르면 딱풀 못지않는 접착

박주가리 유액으로 풀칠해 만든 종이접기 작품.

력이 생깁니다. 사람이 이렇게 느낄 정도면 곤충에겐 초강력 접착제이지요. 박주가리 잎을 뜯어먹은 곤충은 배앓이를 하기도 전에 입틀이 달라붙어 입을 벌릴 수도 다무릴 수도 없는 끔찍한 경험을 하게 될 것입니다.

실제로 박주가리 유액은 종이 접기를 할 때 풀 대신 사용할 수 있습니다.

잎을 한 장 뜯어서 바르고, 누르고, 말리면 끝입니다. 3학년 어린이가 박주가리 유액으로 풀칠해 만든 작품이 몇 달이 지나도록 떨어지지 않고 그대로 있는 것을 보면 박주가리는 정말 대단한 식물이라는 생각이 듭니다.

박주가리가 피식을 면한다고 해서 풀숲을 온통 차지하도록 번성하는 것은 아닙니다. 박주가리는 알렉산더나 칭기스칸 같은 정복자가 아닙니다. 박주가리 외에도 독특하고 강력한 생존비법을 가진 동식물이 많이 있지만, 그들은 모두 생태계 속에 정해져 있는 자기 자리를 지키며 소박하게 살아갈 뿐입니다. '갑 오브 갑' 같은 건 찾아볼 수 없습니다. 힘 있는 자가 세상을 정복하는 건 인류 역사에서나 볼 수 있는 일입니다.

박주가리는 중국청람색잎벌레를 위한 '프라이빗 리조트(private resort)'입니다. 다른 곤충이 찾아와 북적거리는 일 없이 한적하고 오붓한 곳이지요. 중국청람색잎벌레들은 이곳에서 먹고, 놀고, 몸단장도 하고, 심지어 결혼도 합니다. 결혼해서 아기가 생기면 이번엔 리조트 지하에 있는 어린이집에 맡겨 놓습니다. 알과 애벌레를 잘 키워주는 뿌리 어린이집입니다. 박주가리 안에서 모든 걸 해결할 수 있으니 중국청람색잎벌레는 그냥 즐기기만 하면 됩니다. 물론 중국청람색잎벌레도 다른 곤충들처럼 박주가리 유액에 입틀이 달라붙는 것은 마찬가지입니다. 예외는 없지요. 다만 지혜가 있을 뿐입니다.

함께 살아가는 중국청람색잎벌레와 박주가리

박주가리 줄기에서 한참 식사 중인 중국청람색잎벌레를 발견했습니다.

잎 한 장을 벌써 반이나 먹어치웠네요. 쓰지 않고 맛이 있나 봅니다. 당연히 쓰지 않을 겁니다. 박주가리 잎에 하얀 유액이 흐르지 않으니까요. 살짝 찢어지기만 해도 송글송글 솟아나는 유액이 지금은 한 방울도 나오지 않고 있습니다. 중국청람색잎벌레가 뜯어먹은 자리 어디에서도 유액이 흐른 자국을 볼 수 없습니다.

잎이 반이나 남았는데 벌써 배가 부른 것인지 중국청람색잎벌레가 느릿느릿 자리를 옮깁니다. 멀리 가지 않고 줄기에 앉아서 앞다리로 입틀을 매만지네요. 양치하는 게 틀림없습니다. 박주가리 잎을 먹고도 멀쩡히 앉아서 양치를 할 수 있다니, 대단한 녀석인 것 같습니다.

이 녀석의 비밀을 파헤치겠다고 단단히 마음먹었다가 그만 헛웃음이 터지고 말았습니다. 너무 간단하면서도 효과 만점인 방법을 발견했거든요. 중국청람색잎벌레가 먹다 남긴 잎을 가까이 들여다보면 잎과 잎자루가 만나는 부분에 상처가 난 것을 발견할 수 있습니다. 중국청람색잎벌레가 빙 돌아가며 표피만 잘근잘근 씹어놓은 흔적입니다. 표피 바로 아래에 관다발이 있고, 그걸 끊으면 더 이상 유액이 흐르지 않음을 아는 것입니다. 아무리 강한 접착제라도 흐르던 통로가 끊겨버리면 아무 소용이 없지요. 정말 기가 막힌 방법입니다. 조그만 딱정벌레에게 누가 이런 지혜를 가르쳐 주었을까요?

방어선이 무너진 박주가리를 걱정할 필요는 없습니다. 중국청람색잎벌레는 잎이 무성하게 자라는 한여름 두어 달만 박주가리 잎을 먹습니다. 봄부터 가을까지 온갖 곤충들의 먹이가 되는 것보다는 감당하기 쉬운 일이지

중국청람색잎벌레는 박주가리 잎을 먹기 전, 잎자루의 표피를 씹어서 관다발을 끊어놓는다.

요. 박주가리는 중국청람색잎벌레에게 여름철 리조트가 되어 주었다가, 가을이 되면 아름다운 갓털이 달린 씨앗을 날려 보낼 것입니다.

혹시 박주가리 유액을 이용해 어린이들과 종이 접기를 하려거든 종이를 들고 풀숲으로 나가야 합니다. 날이 아무리 더워도 실내에서 할 수 없는 활동입니다. 그 이유는 중국청람색잎벌레가 이미 가르쳐 주었지요.

달맞이꽃의 규칙성

길 양쪽으로 노란 달맞이꽃이 보입니다. 아침 9시가 넘은 시각인데 꽃이 아직 열려 있네요. 날이 흐려서 그렇겠지요. 달맞이꽃은 밤에 피는 꽃이다 보니 화려한 색이나 모양을 갖고 있지 않습니다. 낮에 보는 달맞이꽃은 아무래도 좀 싱거워 보인달까요. 캄캄한 밤, 주변이 모두 어두울 때 달빛을 받아 허옇게 빛나는 모습이 달맞이꽃의 진짜 모습입니다. 박각시나방도 그 모습에 반해서 달맞이꽃을 찾아옵니다.

점착사로 연결된 달맞이 꽃가루

어린이들의 시선을 끌만한 화려함은 없어도, 달맞이꽃은 생태수업 시간에 한번쯤 가르쳐줄 만한 것을 가지고 있습니다. 그 중 하나는 꽃가루들을 서로 연결시키는 점액질의 실, 점착사입니다. 진달래과 식물처럼 달맞이꽃도 점착사를 만들어 냅니다. 지난 봄, 영산홍이 필 때 관찰하지 못한 분들을 위해 달맞이꽃이 준비한 두 번째 기회입니다. 꽃가루가 한창 분비되고 있는 달맞이꽃 안을 들여다보면 얼핏 지저분해 보일 정도로 엉켜있는 노란 가루들을 볼 수 있습니다. 하나만 살짝 들어 올려도 줄줄이 따라붙는 꽃가루 덩어리지요. 이 꽃가루로 실뽑기 놀이를 하면 재미있습니다. 엄지 검지 사이에 누가 더 긴 실을 만들어내나 겨루는 간단한 놀이입니다. 그냥 걸어가면 심심하니까요.

달맞이꽃에서 배울 또 한 가지는 꽃의 규칙성입니다. 꽃을 관찰하는 방법

중 하나는 꽃을 구성하는 조각들의 숫자를 세어보는 것입니다. 달맞이꽃은 꽃잎과 꽃받침잎이 각각 네 장, 수술 여덟 개, 그리고 머리가 네 갈래로 갈라진 암술 하나로 구성됩니다. 여름엔 보이지 않지만, 열매 속에 종자가 들어있는 방도 네 개입니다. 달맞이꽃은 숫자 4가 규칙입니다.

꽃의 세계에서는 수술의 개수가 꽃잎의 배수인 것을 흔히 찾아볼 수 있습니다. 뿐만 아니라 꽃잎과 꽃받침잎, 그리고 암술머리에서도 배수의 규칙을 찾아볼 수 있지요. 장미과 식물은 숫자 5가 규칙입니다. 꽃잎과 꽃받침잎이 각각 다섯 장이고 수술은 열, 열다섯, 스물 이렇게 늘어납니다. 과학시간에 물관, 체관을 관찰하기 위해 백합을 사용하는 일이 종종 있는데, 꽃의 규칙도 관찰해보세요. 백합은 숫자 3이 규칙입니다. 꽃잎 세 장, 꽃잎과 구분하기 어려운 꽃받침잎 세 장, 수술 여섯 개, 그리고 머리가 셋으로 갈라진 암술 하나를 관찰할 수 있습니다.

어린이들과 이렇게 꽃 몇 송이만 들여다봐도 생태계 속에 숨어있는 논리와 규칙을 발견할 수 있습니다. 식물과 곤충이 주고받는 이야기는 논리적으로 앞뒤가 잘 맞고, 그들이 살아가는 모습엔 질서정연한 규칙이 있지요. 생태계는 맞물린 톱니바퀴 같이 정교하고 또한 빈틈이 없어 우리에게 감동을 줍니다.

새우는 딱딱하고 도롱뇽은 말랑하다

까맣게 익은 복분자도 따 먹고, 닭의장풀 꽃이 나비와 쥐 중에 무엇을 닮

SYES

SYES

왔는지 이야기도 하면서 걷다 보니 어느새 목적지에 다 왔습니다. 오늘의 목적지는 저수지 상류. 산에서 내려오는 맑은 물이 졸졸 흐르는 곳입니다. 수서생물을 관찰하기 좋은 곳이지요. 학교에서 가까우면서도 물이 맑은 곳, 유량이 많지도 적지도 않으면서 주변에 위험한 것이 없는 곳을 찾느라 여러 번 답사를 다닌 끝에 찾아낸 개울입니다.

수서생물을 관찰할 때는 준비할 것이 많습니다. 뜰채, 수조, 바닥이 흰 접시와 물에 젖지 않는 간이 도감까지 챙기면 큰 가방 하나가 꽉 차버립니다. 어린이들 복장도 미리 준비시켜야 합니다. 복장 안내를 특별히 강조하지 않으면 긴 팔, 긴 바지에 운동화를 신고 오는 어린이가 있습니다. 생태수업 시간에는 그게 기본 복장이니까요. 오늘 같은 날엔 반바지에 아쿠아슈즈를 신고 오라고 미리 안내해야 합니다.

조금 더 세심하게 준비를 하자면, 갈아입을 옷까지 챙겨오게 하는 것이 좋습니다. 아무리 얕은 물이어도 서른 명 중 두어 명은 꼭 하의를 적시곤 합니다. 발을 헛디뎌 엉덩방아를 찧거나, 쪼그려 앉아 관찰하다가 자기도 모르게 엉덩이를 적시는 일이 종종 있습니다. 여벌옷은 교실에 두었다가 생태수업 끝나고 가서 갈아입으면 됩니다.

뜰채를 사용하는 요령과 관찰 포인트, 작은 생물이 다치지 않게 조심하는 방법까지 가르쳐주고 나서야 모든 준비가 끝납니다. 이제부터는 어린이들 손에 맡겨야지요. 어린이들은 뜰채로 바위 밑을 쑤시기도 하고, 채집통에 담아놓은 것이 장구애비인지 물자라인지 말싸움을 하기도 합니다. 돌로

댐을 쌓으면서 자기 하고 싶은 대로 놀기도 하구요. 2학년 어린이들은 교과서에서 사진으로 본 것이 기억나는지 대충 비슷하게 이름들을 맞추네요. 소금쟁이, 징거미새우, 도롱뇽 유생, 줄새우와 옆새우, 그리고 날도래 유충의 집까지 관찰하느라 더운 줄도 모르고, 시간 가는 줄도 모르더니 이런 말을 합니다.

"새우는 딱딱하고 도롱뇽은 말랑해요."

그렇죠. 이런 게 살아있는 지식이지요. 소금쟁이의 표면장력이나 장구애비의 호흡관에 대한 지식은 과학책을 읽으면 다 알 수 있지만. 손으로 직접 만져본 느낌은 아무나 얻을 수 있는 것이 아닙니다. 2학년 여름 교과서에도 수서생물을 관찰하는 내용이 다섯 차시 정도 제시되어 있습니다만, 여러 가지 여건상 동영상과 사진자료만 보여주고 끝나는 것이 학교의 현실입니다. 이런 수업을 하고 나면 교사도 마음 한 구석이 찜찜하지요.

생태수업은 지식의 출처가 책과 동영상뿐인 요즘 어린이들에게 살아있는 지식을 전해주는 시간입니다.

사회시간에 들려주는 개망초 이야기

들판에 개망초꽃이 한창입니다. 로제트로 땅바닥에 붙어있던 게 엊그제 같은데, 어느새 어린이들 키만큼 쑥쑥 자라서 흰 꽃을 가득 피웠습니다. 소꿉놀이 할 때 계란프라이로 종종 써먹던 꽃이지요. 이름에서 알 수 있듯이 개망초는 그다지 사랑 받지 못하는 풀입니다. 잘 죽지도 않고 무성하게 자라서 농사를 방해하는 망할 놈의 풀이라 망초라고 합니다. 구한말 나라가 망하던 시기에 들어왔다고 해서 망초라고 부른다는 이야기도 있습니다. 풀우거질 망이냐 망할 망이냐, 학자마다 이름의 해석이 다릅니다만 아무튼 개망초와 망초는 근연관계에 있는 귀화식물입니다.

개망초의 원래 이름은 필라델피아 플리베인입니다. 사실 개망초는 일본에서 원예작물로 사랑 받던 꽃입니다. 지금과는 사뭇 다르지요. 그 당시 일본은 서양 문물을 적극적으로 받아들이던 메이지 시대였습니다. 일본인들은 미국 북부의 넓은 초원에서 저절로 자라던 들꽃까지 자국에 들여와 꽃집용

화초로 사고팔았습니다. 생활문물뿐 아니라 꽃까지도 서양 것을 더 예쁘게 쳐주었던 모양입니다.

하지만 일본인들의 플리베인 사랑은 오래가지 못했습니다. 애완용 강아지도 주인 마음이 변하면 야생 들개가 되듯이 플리베인 역시 들꽃이 되었고, 그 무렵 일본의 철도 개발이 본격화되면서 선로를 따라 널리 퍼져나갔다고 알려져 있습니다. 지금은 제초제를 뿌려도 쉽게 죽지 않는다고 골치 아파하는 식물이 되었으니 개망초 입장에서는 옛날의 사랑이 그리울 것 같습니다.

개망초는 일본의 침략 전쟁 경로를 따라 한국, 만주, 중국 땅까지 넓게 퍼져나가 이제는 동아시아 전역에서 번성하고 있습니다. 식민지 역사를 공유하는 나라들이지요. 가슴 아픈 역사와 함께 개망초도 퍼져나간 것입니다. 도서관 깊숙한 곳에서 찾은 『한조식물명칭사전』은 개망초를 왜풀로 명명하고 있습니다. 그 당시 중국과 조선(대한제국 이후)사람들은 개망초가 일본인을 따라 들어온 것을 명확히 알고 있었다는 뜻입니다.

어린이들에게 설명할 때는 미국이 고향인데 일본 때문에 우리나라에 들어와 살고 있는 들꽃이라고 말해줍니다. 주변에 너무 흔해서 아무렇게나 끊어 써도 되는 풀인 줄 알았는데, 뭐 이런 복잡한 과거를 갖고 있나 싶겠지요. 저학년에게는 귀화식물이라는 표현이 이해하기 어려울 테니 세종대왕도 못 보시던 들꽃을 우리가 보고 있다고 쉽게 바꿔 설명합니다.

6학년 1학기 사회 시간에 한국 근대사를 배울 때 개망초는 아주 좋은 학습자료가 됩니다. 일제의 침략과 광복을 위한 노력을 배울 때쯤이면 마침 현충일이 돌아오는데, 개망초도 때맞춰 꽃을 활짝 피웁니다. 6학년 학생들에게 개망초에 얽힌 역사를 이야기해주면 실감나는 공부를 할 수 있습니다. 어린이들은 식민지 시절의 흔적이 이렇게 가까이 남아있다는 것에 놀라게 되지요.

개망초는 햇빛이 잘 드는 곳에 무리 지어 살면서 초여름부터 늦가을까지 아주 긴 시간 동안 끊임없이 꽃을 피웁니다. 소박하면서도 청초한 흰 꽃이 가득 피어있는 모습은 정말 아름답습니다. 이효석의 『메밀꽃 필 무렵』에는 흰 메밀꽃과 달빛이 어우러진 모습이 소금을 뿌려놓은 것 같다는 표현이 나오는데, 시골 들판의 고즈넉한 밤 풍경을 아름답게 묘사한 명문장이지만 메밀꽃을 보기 어려운 요즘 학생들에겐 이해하기 어려운 표현입니다. 그럴 땐 보기 힘든 메밀꽃 대신 어디서든 쉽게 찾을 수 있는 개망초 꽃을 보여주면 어떨까 혼자 생각해 봅니다. 메밀꽃에 비해 손색이 없을 만큼 아름답거든요.

개망초와 국화하늘소

프라이팬 위의 계란처럼 개망초도 하늘을 정면으로 바라보며 핍니다. 하지만 개망초 무리를 살펴보면 가끔 윗부분이 시들어 축 늘어진 꽃대가 있습니다. 다른 부분은 멀쩡한데 꽃이 핀 줄기의 위쪽 5센티미터쯤 되는 부분만 시들어 있기 때문에 한 번에 알아볼 수 있습니다. 무슨 일이 생긴 걸까 자세히 들여다보니 줄기를 가로로 한 바퀴 빙 돌아가는 점선이 보입니다. 점선은 1밀리미터씩 자로 잰 듯 정확합니다. 실과시간에 홈질을 배울 때 샘플로 보여줘도 될 정도입니다.

이 점선은 국화하늘소가 입으로 씹어놓은 자국입니다. 한 걸음 한 걸음 옆으로 걸어가며 줄기를 한 바퀴 돌았겠지요. 국화하늘소 엄마는 그 구멍 안에 알을 낳고 갑니다. 대부분의 곤충처럼 국화하늘소도 알을 낳고 며칠이 지나지 않아 죽습니다. 비록 수명이 다해 애벌레를 돌보지 못하지만 죽기 전까지 자식의 앞날을 생각하는 것은 사람과 곤충이 다르지 않습니다. 그것은 국화하늘소가 해 놓은 것을 보면 알 수 있습니다.

애벌레는 몸집이 작아 먹이를 찾으러 멀리 돌아다니지 못합니다. 별다른 무기가 없어서 자기 몸을 보호하지도 못하지요. 앞날이 캄캄한 어린 자식을 위해 국화하늘소 엄마는 개망초의 줄기 속을 아기집으로 선택합니다. 그 속에 숨어 살면서 줄기를 갉아먹으면 배도 부르고, 천적의 눈에 띄지도 않을 테니 애벌레에게 딱 맞는 장소입니다.

좋은 집을 골랐으면 그 다음엔 인테리어가 필요합니다. 개망초 줄기에 생

국화하늘소가 씹어놓은 자국.

긴 점선은 아기집을 위한 인테리어입니다. 알을 낳기 위해서라면 구멍을 한 두 개만 만들어도 될 텐데, 국화하늘소 엄마는 굳이 한 바퀴를 돌아가며 개망초 줄기를 씹어놓습니다. 이것은 시간과 힘이 많이 들 뿐 아니라, 매우 위험한 행동입니다. 줄기 끝에 매달린 채 시간을 오래 끌면 먹이를 찾는 새들 눈에 띄기 쉽거든요. 아기집을 꾸미다가 그대로 새 먹이가 될 가능성이 높습니다.

식물의 구조를 조금만 이해하면 국화하늘소 엄마가 인테리어에 목숨을 거는 이유를 알 수 있습니다. 물관과 체관을 합쳐서 관다발이라고 하는데, 식물의 관다발은 사람의 혈관처럼 아주 중요한 기관입니다. 중요하니까 줄기 안쪽 깊숙이 있어야 할 것 같지만 의외로 그렇지 않습니다. 나무든 풀이든 줄기의 표피 바로 밑에 관다발이 있습니다. 그래서 나무 기둥을 빙 둘

개망초 줄기 안에 국화하늘소의 노란 알이 들어있다.

러가며 속껍질까지 벗겨놓으면 나무는 고사해버립니다. 중간에서 관다발이 끊어지기 때문에 뿌리가 아무리 물을 빨아 올려도 나무는 그것을 먹지 못하고 그대로 말라 죽는 것이지요.

국화하늘소 엄마가 하는 인테리어는 개망초의 관다발을 손상시키는 것입니다. 씹어놓은 자리를 기준으로 윗부분은 시들게 하고, 아랫부분만 싱싱하게 유지시키는 것이지요. 시들어 늘어진 줄기는 맛있는 음식으로 보이지 않기 때문에 초식동물들이 관심을 주지 않고 그냥 지나갑니다. 줄기 속의 애벌레에게는 다행스러운 일이지요. 인테리어를 잘한 덕분입니다.

줄기 전체가 시든 것이 아니기 때문에 애벌레의 먹이를 걱정할 필요는 없습니다. 아래쪽 줄기는 여전히 싱싱하니까요. 국화하늘소 애벌레는 줄기 속의 수(pith)를 파먹으며 아래로만 내려가는 습성이 있습니다. 좌회전 우회전 없는 직진 본능이랄까요. 관다발이 끊어진 부분에서 부화한 애벌레는 스펀지 같은 수를 갉아먹으며 뿌리를 향한 직진을 시작합니다. 애벌레 눈앞에는 항상 싱싱한 먹이가 있으니 배고플 일이 없습니다. 먹이를 다 먹을 때쯤이면 애벌레는 개망초 뿌리에 도착하고, 그 곳에서 번데기가 됩니다. 국화하늘소 엄마의 선택이 또 한 번 빛을 발합니다.

이런 걸 말로만 설명하면 어린이들은 시큰둥하게 듣습니다. 미안하긴 하지만 개망초 줄기 하나를 꺾어봅니다. 그리고 국화하늘소 엄마가 씹어 놓은 자국에서부터 아래쪽으로 칼집을 살짝 냅니다. 줄기 속을 벌리다가 애벌레가 떨어져서 관찰을 못하는 일도 있으니 조심해야 합니다. 손가락 두 마디 정도 내려온 곳에 애벌레 한 마리가 들어있네요. 쌀알보다 조금 작은 연노랑색 애벌레입니다. 애벌레가 지나간 길에는 지저분한 흔적이 보입니다. 이게 똥이라고 말해주면 서로 먼저 보겠다고 얼굴을 들이밀던 어린이들도 얼른 뒤로 물러나버리지요.

작은 곤충 한 마리도 되는 대로 사는 것이 아닙니다. 잘 먹고 잘 사는 데 도움이 될 생존비법을 꼭 하나씩은 가지고 있습니다. 그래서 세상이 험하고 어려워도 국화하늘소는 큰 일 없이 세대를 잘 이어갑니다. 우리 어린이들도 그럴 겁니다. 분명 그 속에 어떤 지혜 하나씩은 꼭 들어 있을 겁니다. 국화하늘소도 이렇게 지혜로운걸요.

개망초의 번식력

애벌레보다 개망초에 관심을 쏟는 어린이도 있습니다. 불쌍한 개망초를 위해 애벌레를 죽여야 한다고 생각하지요. 하지만 사람이 생명의 가치가 무겁고 가벼움을 따질 수는 없습니다. 자연의 섭리대로 살아가도록 내버려두는 것이 최선입니다.

개망초는 생존력이 강한 만큼 번식력도 아주 강합니다. 한 송이로 보이는 꽃은 사실 200개 이상의 꽃이 모여 있는 머리모양 꽃차례입니다. 봄부터 여름까지 이렇게 많은 꽃이 계속 피기 때문에 씨앗의 수도 엄청나게 많습니다. 한 포기에서 수십만 개의 씨앗을 만들어 내지요. 국화과 식물이 다 그렇듯이 개망초의 씨앗도 바람을 타고 날아갑니다. 그래서 어디서든 흔하게 개망초를 볼 수 있는 것입니다.

게다가 개망초는 한 포기에서 여래 개의 꽃대가 올라옵니다. 거꾸로 된 피라미드 모양처럼 벌어져 왕성하게 꽃을 만들어내지요. 국화하늘소가 알을 낳는 곳은 여러 개의 꽃대 중에 하나일 뿐입니다. 꽃대 하나를 내어주더라도 다른 곳은 멀쩡하기 때문에 자기 후손을 퍼트리는 데 아무 문제가 없습니다. 사람이 끼어들지만 않으면 개망초와 국화하늘소는 앞으로도 사이좋게 잘 살아갈 겁니다.

바람을 타고 날아가는 국화과 식물의 씨앗

질경이는 길 위의 승자

동네 뒷산 입구에 무리 지어 자라는 질경이는 가을맞이를 일찍 했나 봅니다. 질경이 꽃대는 지난 여름 생태시간에 숲 속을 들락거릴 때마다 하나씩 갖고 놀던 것인데, 색깔이 우중충하고 예전 같지 않습니다. 복슬복슬 강아지 꼬리 같던 흰 꽃이 사라지고 갈색 씨앗이 달린 것입니다. 씨앗은 식물에게 아주 소중한 거니까 질경이 씨름은 이제 그만해야겠습니다. 사람들 발걸음 따라 멀리 멀리 잘 가라고 응원만 해주고 돌아섭니다.

질경이는 동네와 숲이 만나는 경계에서 흔히 볼 수 있습니다. 숲으로 이어지는 길을 따라 길게 늘어서지요. 그러다가 어느 순간 질경이가 사라지는데 그런 곳은 틀림없이 나무가 우거져 하늘을 가리거나, 왕래하는 사람이 별로 없는 곳입니다. 해가 잘 들어 광합성 하기 좋은 곳. 하지만 사실은 사람이 지나다니며 자꾸 밟기 때문에 경쟁식물이 도저히 살 수 없어 해가 잘 든다는 무서운 사연이 있는 곳. 그런 곳이 질경이의 생활터전입니다.

식물 입장에서 답압(踏壓)은 큰 스트레스입니다. 한 번씩 밟힐 때마다 여린 몸이 찢어지는 물리적 파괴가 일어나고, 이게 반복되면 식물은 죽고 맙니다. 외부 영향에 의한 스트레스성 고사라고 할 수 있지요. 물론 흙 속에는 자기 차례를 기다리는 수많은 씨앗이 들어 있어 토양을 씨드 뱅크(Seed bank)라고 부르기도 하지만, 이렇게 스트레스가 심한 환경에서는 새로운 식물이 자라나 빈자리를 채울 가능성이 별로 없습니다. 잔디밭이나 화단 한가운데 길 아닌 길이 생기는 것을 자주 보듯이 말입니다.

답압 스트레스가 심한 환경에선 질경이가 승자입니다. 질경이 따위를 승자로 봐주는 사람이 없어서 그렇지, 분명 질경이는 길 위에서 번성합니다. 확실한 생존비법을 갖고 있기 때문입니다. 어린이들과 질경이 씨름을 하는 것은 생태 놀이뿐 아니라 이런 생태적 지식도 가르치기 위해서입니다. 정색하고 가르치면 잘 듣지 않으니까 저학년일수록 생태 놀이가 좀 필요하지요.

바람을 기다리는 질경이 꽃

질경이 씨름을 할 테니 꽃대를 하나씩 뜯으라고 했습니다. 뭐가 꽃이냐고 물어보네요. 자기가 밟고 있으면서도 못 알아봅니다. 자세히 본 적이 없어서 그렇지요. 질경이 꽃대는 아주 작은 꽃들이 빼곡히 달려 있어 빼빼로처럼 보입니다. 암술 수술만 길게 나와 있고 꽃잎은 거의 보이지 않아 어린이들 눈에 예쁘게 보이지 않지요. 기대했던 것과 다르다는 듯 이게 꽃이냐고 다시 물어봅니다. 꽃에 대한 고정관념이 또 한 번 깨지는 순간입니다.

질경이 꽃은 풍매화입니다. 충매화가 보여주는 고유의 개성은 꽃이 기다리는 곤충의 특성과 관련이 있듯이 풍매화가 보여주는 개성도 바람과 깊은 관련이 있습니다. 풍매화는 곤충을 부를 필요가 없으니 예쁜 꽃잎이나 좋은 향기를 만드는 데 에너지를 쏟지 않습니다. 그 대신 길고 가느다란 수술을 만들어 바람에 잘 흔들리게 합니다. 질경이 꽃대를 강아지 꼬리처럼 복슬거리게 하는 것, 얼핏 흰 꽃잎처럼 보이는 그것은 전부 수술과 꽃가루주머니입니다. 꽃 몸길이보다 수술 길이가 서너 배 더 길어 작은 바람에도 잘 흔들리지요.

질경이꽃과 바람의 관계를 보여주는 것이 하나 더 있습니다. 처음에는 여자였던 질경이 꽃이 꽃가루받이가 끝나면 남자로 변하는 것입니다. 사람처럼 꽃도 성전환을 하는 거냐고 놀라시겠지만, 정말 그 표현이 딱 맞습니다. 질경이 꽃은 처음에 암술만 있는 암꽃 상태로 피어납니다. 작은 꽃 위에 암술 하나만 솟아있지요. 꽃가루받이를 하게 되면 암술은 더 이상 기능을 하지 않고, 그때부턴 수술이 자라나 수꽃이 됩니다. 그리곤 언제 암꽃이었냐는 듯 꽃가루를 만들어내지요.

질경이꽃이 성전환하는 이유는 간단합니다. 암술과 수술이 동시에 성숙하면 꽃가루받이에 문제가 생기기 때문입니다. 암술을 둘러싼 긴 수술들이 꽃가루의 흐름을 방해할 게 분명합니다. 농구 선수들이 두 손을 높이 들고 블로킹하는 모습을 떠올리면 쉽게 이해할 수 있습니다. 질경이는 꽃대 아래에서부터 순차적으로 꽃을 피웁니다. 이미 수정이 끝난 것부터 수꽃과 암꽃

질경이꽃

까지 꽃대 하나에서 다 관찰할 수 있습니다.

질경이가 답압 스트레스를 이기는 방법

씨름도 하고 관찰도 하려면 꽃대를 뜯어야 하는데, 어린이들은 아직도 꽃대를 뜯지 못하고 있습니다. 빨리 뜯어야 게임을 할 텐데 뜻대로 되지 않으니 애가 타겠지요. 잘 안 된다, 너무 질기다, 선생님이 해 줘라, 질경이를 하

질경이 싸움

나씩 붙잡고 소리만 질러댑니다. 질긴 건 익히 알고 있었지만 1학년보다 더 셀 줄은 몰랐습니다. 역시 질경이답습니다.

질경이는 꽃대뿐 아니라 몸 전체가 질깁니다. 다른 식물보다 굵고 질긴 유관속다발을 갖고 있기 때문입니다. 유관속다발은 물관과 체관을 합쳐서 부르는 말입니다. 잎에 있을 땐 잎맥이라고도 하지요. 질경이 잎을 양쪽으로 살살 당겨보면 잎살은 반으로 갈라지지만 잎맥은 끊어지지 않고 남아있습니다. 보통 식물의 경우 주맥이 굵고 측맥은 더 가늘지만, 질경이 잎은 주맥과 측맥이 비슷한 굵기여서 힘을 고르게 받을 수 있습니다. 질경이 꽃대가 쓰러지지 않고 바로 서는 것. 발에 밟혀도 잎살이 찢어지지 않고 버티는 것. 그리고 어린이들이 질경이 씨름을 하면서 놀 수 있는 것은 모두 굵고 질긴 유관속다발 덕분입니다. 그래서 질경이 잎 뒷면에 도드라진 잎맥을 보면 레슬링 선수의 멋진 등 근육을 보는 것 같아 든든한 기분이 듭니다.

특별히 레슬링 선수를 떠올리는 이유는 질경이의 체형 때문입니다. 질경이를 관찰하다 보면 줄기라고 부를만한 것을 찾기 어렵습니다. 줄기 없이 뿌리 근처에서 바로 잎이 나와 바닥에 넓게 퍼지지요. 만약 질경이가 위로 자라는 줄기를 만든다면 정말 위험할겁니다. 한 번의 답압이 돌이킬 수 없는 결과를 가져올 테니까요. 아무리 봐도 질경이는 여러 번 찢어진 흔적이 남은 귀를 가진 레슬링 선수가 키를 낮추고 납작 엎드리는 모습과 닮았습니다.

사실 질경이도 줄기가 있는데 땅 속으로 자라기 때문에 우리 눈에 안 보일 뿐입니다. 땅속줄기로 길게 연결되어 서로를 붙들고 있지요. 질경이 하나하나가 서로 다른 개체처럼 보여도 알고 보면 여럿이 한 개체인 것입니다. 질경이가 입이 있으면 "전부 다 나야"라고 말할 겁니다. 땅속줄기로 얽힌 덕분에 질경이는 뽑는 힘도 잘 버텨냅니다. 어린이들 힘으로는 절대 불가능하지요. 소 발굽이나 달구지 바퀴가 채고 지나가도 문제없겠습니다. 역시 길 위의 승자답습니다.

질경이가 씨앗을 분산하는 방법

질경이 꽃대는 여름부터 가을까지 꽤 오랜 기간 달려 있습니다. 방학 전에는 꽃을, 개학 후에는 열매를 관찰할 수 있지요. 깨알보다 작은 질경이 열매는 칵테일 셰이커를 꼭 닮았습니다. 고깔모자 같은 위 뚜껑이 열리면 씨앗이 떨어지고 위 뚜껑과 똑같이 생긴 아래 뚜껑만 남습니다. 이렇게 껍질이 벌어지면서 씨앗이 나오는 열매를 삭과(capsule)라고 하는데, 질경이에게 정말 잘 어울리는 이름입니다. 질경이 꽃대에 갈색 열매가 맺혔다는 걸 아는 어린이들은 되도록 밟지 않고 지나가려고 신경을 씁니다. 물론 잠깐일 뿐, 금세 신나게 뛰어다닙니다.

질경이 열매가 다치지 않게 하려고 피해 다니는 모습이 저로서는 예쁘고 고맙지만, 질경이는 그렇게 생각하지 않을 겁니다. 우리의 생각과 달리 질경이는 열매를 밟아 주는 게 오히려 도와 주는 것입니다. 질경이가 씨앗을 분산하는 방법을 알면 그 이유를 알 수 있습니다.

질경이 씨앗을 관찰할 때는 꽃집이나 인터넷에서 파는 걸 사다 씁니다. 깨알보다 작은 씨앗을 한 톨 한 톨 모으려면 너무 힘드니까요. 씨앗이 너무 작다 보니 숫자를 일일이 셀 수는 없고, 약 먹을 때 쓰는 작은 컵으로 부피를 측정합니다. 5밀리리터만 담았는데도 와, 많다 소리가 나오네요. 이게 다 발아하면 질경이 밭이 될 것 같습니다. 하지만 이것은 시작일 뿐, 질경이 씨앗이 물을 만나면 마술이 시작됩니다. 조금 전에 넣은 물 10밀리리터가 다 사라졌습니다. 20밀리리터를 더 부어도 잠시 후면 물이 다 사라집니다. 질경이 씨앗 5밀리리터가 물 30밀리리터를 흡수한 것입니다. 물 먹은 씨앗을 만져보니 젤리 같습니다. 말랑말랑, 탱글탱글. 느낌이 아주 좋습니다.

어린이들은 이런 느낌을 좋아하죠. 킬킬거리며 재미있게 갖고 놀았는데

질경이 씨앗이 물을 먹으면 점성이 생긴다. 이럴 땐 컵을 뒤집어도 쏟아지지 않는다.

어라, 잘 떨어지지 않습니다. 검지에 붙은 걸 엄지로 비볐더니 그대로 엄지에 달라붙습니다. 다른 손으로 비볐더니 이번엔 그 손에 가서 달라붙습니다. 엄청 끈적거리는 것도 아니면서 희한하게 잘 달라붙는 이상한 점액질입니다.

이 점액질이 바로 질경이 씨앗의 분산 비법입니다. 질경이 씨앗이 물을 만나면 끈적이는 점액질이 만들어지고, 지나가는 사람의 신발 바닥에 붙어 멀리 이동하는 것입니다. 눈썰미 있는 관찰자는 질경이가 길 위에서 줄을 맞춰 자라고 있다는 것을 알아챕니다. 숲으로 이어진 길에 초록색 기차 레일을 깔아놓은 것처럼 말입니다. 동물, 사람, 수레바퀴 가리지 않고 달라붙어

장마철에는 저절로 질경이를 골라 밟게 된다. 질경이가 기다리던 순간이다.

직진하는 질경이 씨앗의 모습이 보이는 듯합니다.

누가 미리 정해준 것 마냥 질경이 열매는 비가 많이 오는 계절에 맞춰 성숙합니다. 질퍽한 흙 길을 밟기 싫은 계절이지요. 풀이 난 곳을 밟으면 발이 덜 빠지고 좋으니까 이때는 사람들이 일부러 질경이 난 곳을 골라 밟고 다닙니다. 질경이는 "아이고 감사합니다. 기다리던 순간입니다"하면서 찰싹 달라붙겠지요.

질경이 씨앗을 쉽게 구할 수 있는 이유는 찾는 사람이 많기 때문입니다. 물론 먹으려고 찾습니다. 먹기 좋게 가루 낸 질경이 씨앗을 물에 타서 먹으면 변비 해소와 다이어트에 그만이라고 합니다. 질경이 씨앗은 식이섬유가 많고 여덟 배 이상 물을 흡수한다고 하니 진짜 효과가 좋을 것 같습니다. 약국에서 판매하는 유명한 변비약에도 질경이 씨앗이 들어갑니다. 그런데 참 신기한 것은 변비에 쓰이는 질경이 씨앗이 설사를 잡는 약으로도 쓰인다는 것입니다. 질경이 씨앗을 설사에 쓰는 것은 오래 된 중국 서적에도 치료 사례가 나올 만큼 유서가 깊으면서도 현재까지 한방에서 흔히 처방하는 방법입니다. 한 가지 재료가 어떻게 상반된 효과를 내는 약재가 되는지 저는 잘 모르겠지만, 참 신기하고 고마운 것은 틀림없습니다. 그 동안 질경이 덕을 본 사람이 얼마나 많았을까요?

사람을 살리는 질경이 씨앗

40년쯤 전의 일이라 직접 본 것은 아니고, 아버지로부터 들은 이야기입니다. 서울 어느 종합병원에 아직 돌이 안 된 아기가 입원을 했습니다. 애들 배앓이로 보기엔 너무 오래 가는 설사 때문이었습니다. 아기가 어려서 그런지 혈관을 찾기 어려워 손, 발, 나중엔 이마까지 여러 번 찌른 후에 겨우 링거 줄을 달았습니다. 병원은 입원만 해도 지치는 곳인데, 이미 집에서부터 설사를 오래 한지라 아기도 엄마도 많이 지쳤습니다.

아기는 하루 종일 물똥을 싸고, 울고, 그러다가 축 늘어지는 것을 반복했습니다. 그런 아기를 돌보느라 바쁜 엄마 옆에 붙어서 큰아이도 하루 종일 징징거렸습니다. 바지에 오줌을 싸더라도 엄마 없이는 절대 화장실을 가지 않겠다고 울면서 말입니다. 큰아이라고 해봐야 이제 서너 살이라 그랬겠지요.

며칠 입원하면 나아질 거라는 기대와 달리 온 가족이 병원살이를 한 지 보름이 되어 가도록 아기의 설사는 나을 기색이 없고, 점점 심해지기만 했습니다. 도대체 원인도 없고 약도 없는데다 이제는 아기의 생명이 위태로운 지경까지 되어 버린 것입니다. 어른도 그렇지만, 그렇게 오래 계속되는 설사는 돌도 안 된 아기에게 너무 무서운 병입니다. 설사하는 이유가 뭔지, 왜 약이 듣지 않는지 알지 못한 채 결국 아기는 맥을 놓고 늘어졌습니다.

엄마 아빠 모두 어쩔 줄 모르고 애만 태우는 것을 보다 못한 아기 외할머니가 이러다가 아기를 잃겠다고, 자기 방식대로 한 번 해보자며 나섰습니다. 간호사에게 부탁해 잠깐 링거를 뺀 사이, 외할머니와 아빠가 아기를 안고 도출을 한 것입니다. 몰래 병원을 빠져나간 외할머니와 아빠는 그 길로 택시를 타고 면목동 갑자한의원을 찾아갔고, 나이 많은 할아버지 원장님에게 아기를 보이며 급하게 찾아온 이유를 설명했습니다. 마지막이 될 수도 있으니 무슨 일이든 못 해볼 것도 없었던 것입니다. 그렇게 할아버지 원장님이 지어주는 약 두 첩을 받아 들고 외할머니는 그 길로 다시 자기 집으로, 아기와 아빠는 병원으로 돌아갔습니다. 아무일 없었다는 듯 말입니다.

다음 날 아침, 외할머니가 밤새 약탕기에 달인 약을 들고 병실에 왔습니다. 간호사가 눈치 채지 않을만한 작은 병에 담아서 말입니다. 그리곤 간호사가 보지 않을 때마다 숟가락으로 그 약을 떠서 아기 입에 넣어주었습니다. 한 입, 두 입. 삼키기도 하고 흘리기도 하면서 아기는 그 약을 잘 받아먹었습니다.

산에서 어떤 열매를 따먹고 오래 묵은 병이 씻은 듯이 나았다는 옛날이야기는 어쩌면 사실이었을까요? 방법이 없다고 포기했던 병은 기대하지 않던 방법으로 낫기도 하는가 봅니다. 외할머니와 아빠가 몰래 나가 지어온 약이 효과를 발휘한 것입니다. 작은 병 하나에 담긴 약을 다 먹기 전에 아기의 설사가 멈췄습니다. 그렇게 오래 계속되던 설사가 말입니다. 아기는 이제 살았습니다.

오랜만에 모인 식구들끼리 산책을 하는데, 아버지가 길 위의 뭔가를 가리키며 물어보십니다.

“저게 뭔 줄 아니?”

"질경이잖아요."

명색이 생태선생님인데 질경이를 모를까요.

"그때 내가 마음의 준비까지 했다."

"걔는 왜 그렇게 속을 썩였대요? 나까지 고생하게. 근데 갑자한의원에서 지어준 약은 뭐가 들어있었어요?"

"별 거 없더라. 질경이 씨만 잔뜩 들어있던데."

"산삼 같은 거 아니고요?"

"그 할아버지 참 용했는데. 벌써 돌아가셨겠지."

나까지 고생하게 했던 아기. 그까짓 질경이 씨를 달여 먹고 살아난 아기가 저 앞에 걸어갑니다. 이제는 아이를 셋이나 키우는 엄마입니다. 질경이가 없었으면 저는 조카들이랑 놀아보지도 못했겠지요. 동생을 살려줘서 고맙고, 우리 주변 가까이에 살아줘서 더욱 고마운 질경이입니다.

가을이 좋은 이유

운동장에서 올려다보는 하늘이 청명하기 그지없습니다. 방금 세수한 얼굴처럼 맑고 깨끗한 하늘 아래 그냥 서있기만 해도 행복한 가을입니다. 가을엔 미세먼지도 없고, 무더위도 없어서 생태수업을 하기에 아주 좋습니다. 에어컨을 끼고 앉아 여름아, 얼른 가라 하던 시절에 비하면 꿈같은 계절이지요.

사람만 여름을 싫어하는 게 아닙니다. 나무도 살아있는 생명인데, 밤낮으로 무더운 계절을 좋아할 리 없습니다. 강아지도 사람도 더운 날엔 헉헉거리며 숨을 몰아쉬듯이, 온도가 올라가면 나무도 호흡량이 늘어납니다. 호흡이란 광합성으로 만들어진 포도당과 산소를 소비해서 이산화탄소와 에너지를 만드는 과정입니다. 과학시간에 배운 광합성 식을 거꾸로 하면 그대로 호흡식이 되는 것이지요. 식물 입장에서는 광합성량이 호흡량보다 많아야 합니다. 즉 광합성량에서 호흡량을 뺀 순광합성량이 많아야 생존할 수 있고, 순광합성량이 클수록 식물이 잘 자랄 수 있습니다. 온도가 25도 이상

가을 하늘 아래 늦도록 피어있는 배롱나무 꽃

으로 올라갈수록 광합성량이 증가하지만, 호흡량은 더욱 증가하기 때문에 한여름은 나무에게도 힘든 계절입니다.

공부가 아무리 어렵고 힘들어도 그걸 인내하고 극복하는 사람이 좋은 직업을 가질 수 있다는 말로 어린이들을 교훈할 때가 있습니다. 어른들은 그럴 때 한여름 무더위가 심할수록 나무들이 열매를 잘 맺는다는 식의 비유를 흔히 들곤 합니다만, 사실 그건 틀린 말입니다. 열매를 잘 익게 하려면 광합성을 하는 낮에는 온도가 높고, 광합성을 하지 않고 호흡만 하는 밤에는 온도가 낮아야 합니다. 그래야 광합성으로 만든 당분을 호흡으로 잃어버리지 않고 열매에 저장할 수 있습니다. 나무도 쉴 때는 잘 쉬어야 합니다. 밤낮의 온도 차이가 14도 정도로 크게 벌어지는 가을철이야말로 크고 달콤한 열매를 만드는 계절입니다. 이 계절에 나무는 열심히 일하고 잘 쉬면서 좋은 열매를 만들 것입니다. 고랭지 채소가 맛있는 것도 같은 이유입니다. 들판에 비해 밤낮의 온도 차가 크게 벌어지는 지역이니까요.

여러 가지 생물들이 진화에 따라 어떤 유연관계를 갖고 있는지 나무 모양으로 그려놓은 것을 진화계통수라고 합니다. 진화론적으로 볼 때 사람도 식물도, 그리고 다른 모든 생물도 결국 하나의 뿌리에서 시작되었다는 내용을 담고 있습니다. 그런 면에서는 창조론도 같은 관점을 가지고 있습니다. 신으로부터 모든 생명이 시작되었으니 그 근원이 한 가지 인 것이지요.

어느 쪽을 선택하든 그건 개인의 자유지만, 사람과 식물은 유연관계 속에 있고, 식물의 생존 법칙이 사람에게도 적용될 때가 있다는 것만은 확실합니다. 올림피아드 문제집 같은 걸 풀게 해서 어린이들이 헉헉거리게 만드는 것보다 열심히 공부하고 잘 쉬게 하는 것이 성공의 비결일 것 같습니다.

동네 뒷산 정복하기

날이 선선해지기도 했고, 또 일년 가까이 생태수업을 하면서 어린이들의 체력도 늘었을 것 같아 한 번 시도해보았습니다. 그 동안은 엄두를 내지 못하던 동네 뒷산 정복입니다. 왕복 3킬로미터정도의 산길을 걸어야 하니까요. 어른들 보기엔 나지막한 언덕이어도 어린이들에겐 대단한 도전입니다. 금당산 정상에 오를 거라는 말을 듣고는 벌써부터 자신 없어 하네요. 이럴 땐 약간의 연기력이 필요합니다. "3천 걸음도 넘게 걸어야 하는데 어쩌나, 전에 보니까 2학년은 잘하던데 너희들도 할 수 있을까?"하면서 먼저 걱정을 늘어놓습니다. 그러면 어린이들은 왜인지 모를 도전정신으로 충만해지지요.

동네를 벗어나 산길에 들어선지 얼마 되지 않아 특이한 것을 주웠다며 뛰어오는 어린이가 있습니다. 길이가 10센티도 넘는 솔방울을 발견했다고 신기해 하길래 그 구과의 주인, 스트로브잣나무를 가르쳐줍니다. 동네 주변이나 공원마다 많이 심어져 있지만, 대부분 그냥 소나무라고 생각하는 나무입니다. 조금 관심을 가진다면 소나무와 달리 잎이 다섯 장씩 묶여 있고, 나무줄기가 거북 등처럼 갈라지지 않고 밋밋하다는 것을 알 수 있습니다. 적송은 두 장씩, 리기다 소나무와 백송은 세 장씩, 그리고 잣나무는 다섯 장씩 모여서 나는 잎을 세어보면 금방 구분할 수 있습니다. 몇 장씩 나든지 상관없이, 모여서 나는 잎을 한 손에 잡아보면 모두 동그랗게 이어진다는 것을 알 수 있습니다. 마치 피자를 1/2, 1/3, 1/5로 나눴다가 다시 하나로 합치듯이 말입니다. 처음에 잎이 만들어지는 세포 단계일 때는 근본적으로 하나였기 때문입니다. 어린이들이 바닥에 떨어진 열매에 관심을 보이고, 그 열매 덕에 나무 한 그루를 새로 알아가는 모습이 저에겐 대견스러워 보입니다. 자발적인 생태공부는 그렇게 시작하는 것이지요.

정상을 향해 계속 걷다가 오동나무 잎이 떨어진 걸 보면 우산처럼 받쳐들고 토토로 놀이를 하고, 생강나무를 보면 공룡발자국 만들기를 합니다. 발가락 세 개가 삐죽 나온 발자국이 어지럽게 흩어진 걸 보니 공룡들이 싸움이라도 한 것 같네요. 생강나무는 공룡발자국과 하트, 두 가지 모양의 잎

생강나무 잎으로 만든 공룡발자국

을 만듭니다. 개중에는 두 가지가 섞인 중간 모양도 있으니 맘에 드는 잎을 찾아보는 재미를 느낄 수 있습니다.

빨갛게 익은 청미래덩굴 열매를 손에 하나씩 들고 신나게 걷다 보니 어느새 정상입니다. 동네 뒷산답게 끝없는 길이 이어지지만, 여기가 정상이라고 우리끼리 정해놓고 박수도 치고, 야호도 외치고, 인증사진도 찍습니다. 뭔가 대단한 일을 한 것마냥 기뻐하는 어린이들을 보니 뒷산 정복에 도전하기를 잘 했다는 생각이 듭니다.

금당산의 작은 식물들도 우리가 왔다 가는 것을 기뻐할 것 같습니다. 어린이들 옷에 붙어서 정상까지 따라온 씨앗들이 아주 많았거든요. 산을 내려가는 길에 우리는 그 씨앗들을 떼어내서 여기저기 뿌려놓았습니다. 택배아저씨처럼 "씨앗 배달이요!"라고 외치면서요. 가을은 여러모로 좋은 계절이네요.

쇠무릎과 도둑놈의 갈고리 씨앗들

YES

SYES
SYES
SYES

이렇게 아름다운 열매들

생태선생님보다 힘 센 녀석이 또 나타났습니다. 진지한 설명은 물론이고 재미있는 게임조차 집중하지 못하게 만드는 무서운 녀석, 바로 도토리입니다. 후드득 떨어지고 데굴데굴 굴러가는 도토리들 때문에 수업을 진행할 수 없을 지경입니다. 아, 여기가 참나무 숲이었지 하는 자각이 뒤늦게 밀려옵니다. 역시 나무는 꽃이 필 때와 열매가 익을 때 자기 존재를 여한 없이 드러내는 것 같습니다. 평소엔 무관심하던 사람들도 그때만큼은 '그 나무가 거기 있었지'하며 나무의 존재를 알아줍니다.

넉넉히 담은 도시락

엄지손가락 한 마디와 비교할 정도로 크고 둥근 상수리나무와 굴참나무 열매들을 그냥 모두 도토리라 부르기로 하고, 이왕 정신이 팔린 김에 도토리를 가지고 실컷 놀아보기로 합니다. 도토리는 땅에 떨어진 걸 줍는 것만

으로도 재미있는 놀이가 됩니다. 어린이들은 가만히 귀를 기울이고 서 있다가 도토리 떨어지는 소리가 들리는 곳으로 우르르 몰려갑니다. 후드득, 데굴데굴, 그리고 우르르. 누가 도토리고 누가 사람인지 모르겠네요. 굴러가는 도토리를 먼저 잡으려고 뛰어다니며 깔깔거리는 소리가 참나무 숲에 가득합니다.

어린이들 손에 잡히긴 했지만, 사실 이 도토리들은 자기 일생 중 단 한 번 있는 기회를 이용해 멀리 여행을 떠나는 중입니다. 어딘가에 멈춰서 뿌리를 내리면 그 다음부턴 죽을 때까지 그 자리에서 살아가는 것이 식물의 운명입니다. 도토리야말로 참나무가 여행을 갈 수 있는 처음이자 마지막 기회인 것입니다.

이 여행을 위하여 엄마나무는 작년부터 도시락을 준비해왔습니다. 참나무 중에서도 상수리나무와 굴참나무는 열매 하나를 성숙시키는 데 2년의 시간이 필요합니다. 그래서 그렇게 크고 빛나는 도토리가 만들어지는 것인지는 잘 모르겠지만, 아무튼 우리가 도토리라고 부르면서 묵을 쒀먹기도 하는 것은 새로운 참나무가 될 씨앗을 위해 엄마나무가 준비한 도시락임이 분명합니다. 윤이 나는 갈색 상자에 담긴 도시락, 그리고 그 속에 잠들어 있는 아기 참나무지요.

도토리에 영양분이 많고 크기도 크다는 것은 곧 엄마나무가 도시락을 넉넉히 담아 놓았다는 말입니다. 데굴데굴 구르든, 다람쥐가 땅에 묻든, 혹은 어치가 물어가든 관계없이 거의 대부분의 도토리는 나무와 풀이 우거진 곳

에서 최초의 삶을 시작합니다. 그곳은 어린 새싹이 자기 힘으로 광합성을 해서 넉넉한 식량을 마련하기까지 많은 고난이 닥칠 게 확실한 음지입니다. 엄마가 담아준 넉넉한 도시락이 없으면 배고픈 아기 참나무는 햇빛 닿는 곳까지 자라기 전에 죽고 말 것입니다.

뿐만 아니라 엄마나무는 도시락을 뺏기지 말라고 그 안에 탄닌을 넣어 놓습니다. 쓰고 떫은맛이 나는 탄닌은 식물이 자기 몸을 방어하기 위해 만들어내는 2차 대사 산물입니다. 광합성으로 만들어진 포도당의 일부를 따로 덜어내어 만드는 것이지요. 그러다보니 도토리를 잘 만드는 것에 에너지를 쏟다가 엄마나무의 수세가 약해지는 경우도 종종 있습니다. 해걸이라고 부르는 격년결실현상도 일어나고요.

"너 먹는 것만 봐도 배부르다"라고 말하는 힘은 어디에서 나오는 걸까요? 학자들은 자연 생태계를 냉혹한 경쟁의 세계로만 보는 경향이 있고 책에서도 그렇게 가르치지만, 그 속에는 깊은 사랑 또한 분명히 존재합니다. 자연 생태계 속을 뒤지다가 사랑의 언어가 쓰여 있는 부분을 찾아 어린이들에게 읽어주는 것이 우리 학교 생태선생님들이 하는 일입니다.

생태시간에 채집한 것은 그 숲에 두고 가는 게 우리들 약속입니다. 한 주먹씩 주운 도토리도 집에 가면 쓰레기가 될 테니까요. 못내 아쉬워하는 어린이들과 멀리 던지기 게임도 하고, 비탈길에서 굴리기 놀이도 하면서 숲으로 모두 돌려보냅니다.

아니, 그런 줄 알았습니다. 도토리를 모두 놓고 왔다고 생각했는데 그게

교무실 앞 화단의 참나무. 작년 생태시간에 갖고 놀다 버린 도토리에서 싹이 났다.

아니었나 봅니다. 그날 이후 며칠 동안 교실에서도 도토리가 나오고, 운동장에서도 도토리가 나왔습니다. 몇몇 어린이들이 도저히 돌려보내지 못하고 주머니에 숨겨온 도토리들입니다. 갈색으로 빛나는 도토리 껍질은 그렇게 매력적이지요. 어린이들 마음을 충분히 이해할 수 있습니다. 사실은 저도 그러고 싶었으니까요.

도시락 대신 날개를

어린이들과 동네 공원에 나갔더니 마른 꽃과 낙엽, 아직 푸른 기운이 남아있는 덩굴 같은 것이 눈에 들어옵니다. 식물들이 제 할일 다 하고 남겨놓은 것들이니 우리가 좀 빌려 써도 되겠지요. 낙엽을 주워다 동물 인형을 꾸미기도 하고, 색깔 별로 구분해서 낙엽 색상환을 만들기도 합니다. 비닐 옷을 장식해서 패션쇼도 하고요. 이렇게 다양한 색은 미술 시간에도 보던 것이지만, 자연물을 통해서 볼 때 더 아름답게 느껴지는 것 같습니다. 장황한 설명 없이 그저 자연의 색을 감상하는 것만으로도 충분한 시간입니다.

낙엽을 가지고 잘 놀던 어린이들이 갑자기 소리를 지르며 뛰어다닙니다.

"눈이다!"

"눈이 온다!"

첫눈에 대한 기대가 너무 컸던 것일까요? 먼지처럼, 비듬처럼 날리는 것은 아쉽게도 눈이 아닙니다. 첫눈이라고 오해 할 만큼 희고 작은 오동나무 씨앗입니다. 높은 가지에 달린 열매가 두 쪽으로 벌어지면서 그 속에 있던 씨앗들이 바람을 타고 날아가는 것입니다. 오동나무 씨앗은 참깨만큼 작기 때문에 든든한 도시락을 담을 곳이 없습니다. 대신 얇은 날개를 달고 있지요. 그 날개 덕에 바람을 탈 것이고, 다가올 겨울 내내 여기저기 돌아다니다가 양지바른 곳에서 싹을 틔울 것입니다. 도로변이나 학교 주

도로변에서 자라고 있는 1년생 오동나무.

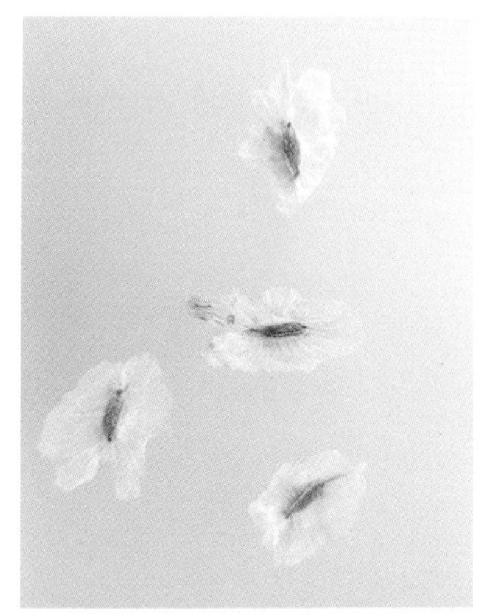

오동나무 씨앗(왼쪽)과 자작나무 씨앗. 참깨만큼 작은 씨앗을 루페로 들여다보면 얇은 날개가 달려있는 것을 볼 수 있다.

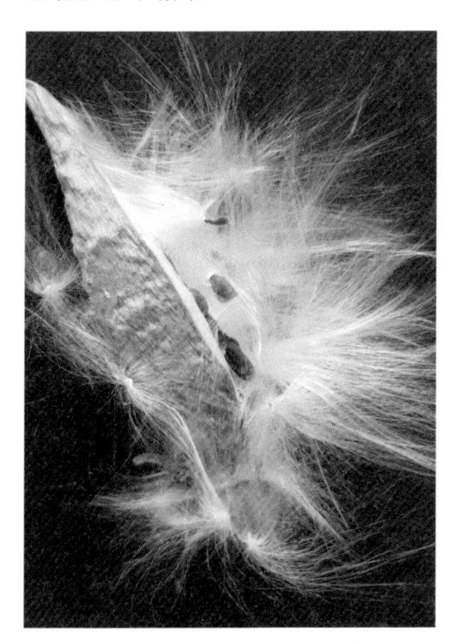

박주가리(왼쪽)와 모감주나무 열매

차장 등 전혀 예상하기 어려운 곳에서 오동나무를 만나는 이유가 바로 이것 때문입니다. 동네를 걸어갈 때 주위를 한 번씩 둘러보세요. 잎자루가 길고 잎이 아주 크다는 특징만 기억하고 있으면 뜬금없이 눈앞에 나타나는 오동나무를 발견할 수 있습니다.

첫눈을 기다리는 어린이들을 위해 오동나무 줄기를 흔들어주었습니다. 하얀 씨가 눈처럼 쏟아지네요. 꿩 대신 닭이라도 좋은 것인지, 어린이들은 오동나무 씨앗 눈을 맞으며 신나게 뛰어다닙니다. 더 해달라, 계속 해달라 졸라대길래 옆에 있던 자작나무도 흔들어줍니다. 이번엔 노란 눈입니다. 루페로 들여다보면 더 아름다운 씨앗 눈이지요.

식물이 만들어 놓은 열매들을 보면 "땅 위에 가득 차도록 멀리 퍼져라. 잘 자라고 번성해라"는 명령이라도 받은 것 같은 느낌이 들 때가 있습니다. 풀과 나무를 가릴 것 없이 모든 종류의 열매들이 씨앗을 멀리 보내기 위한 장치를 가지고 있기 때문입니다. 눈에 띄게 붉은 색깔, 맛과 영양이 풍부한 과육, 털에 엉키는 가시, 그리고 가볍고 부드러운 털 등이 씨앗의 여행을 도와주는 장치입니다.

그런데 이런 장치들이 갖고 있는 역할이 하나 더 있는 것 같습니다. 개똥철학처럼 들려도 어쩔 수 없는 그것은 바로 어린이들을 홀딱 반하게 만드는 것입니다. 붉게 익은 피라칸사스 열매는 가시에 긁히는 것도 두렵지 않을 만큼 아름답습니다. 새들도 아름다운 붉은 색에 반해 겨우내 나무를 찾아올 겁니다.

동네 공원에서 갖고 놀던 열매들

세 쪽으로 갈라지는 모감주나무 열매는 바람에 날리거나 물 위에 띄울 수 있는 장난감입니다. 얇은 열매껍질 위에 올라앉은 씨앗은 여행길 떠나는 손님이지요. 화산 폭발하듯이 쏟아져 나오는 박주가리 씨앗은 말 그대로 흥분의 도가니를 만들어냅니다. 놀이동산의 비눗방울 쫓아다니는 것처럼 소리를 지르며 허공을 휘저어도 어린이들 손에 잡히는 것이 없거든요. 갓털의 효력을 만만히 볼게 아닙니다.

동네 공원에서 하는 생태수업은 한 시간 내내 지루할 틈이 없습니다. 놀기만 한 것 같아도 배울 건 다 배웠네요. 이렇게 아름다운 열매들 덕분입니다.

교육과정 만족도 조사

연말이 되면 학교에서는 교육과정 만족도 조사를 실시합니다. 일 년 동안 실시한 여러 가지 교육활동에 관해 학생과 학부모의 의견을 묻는 것입니다. 물론 생태교육도 조사대상이지요. 이번 조사에서는 학생의 81.9%, 학부모의 70.3%가 생태교육에 대해 만족하거나 매우 만족한다는 결과가 나왔습니다. 제일 인기 있는 교육활동은 아니어도, 학생과 학부모 응답 모두 다른 것에 비해 상위권에 들어가는 수치입니다.

주관식 응답도 있습니다. 즐겁다, 유익하다, 매일 가고 싶다는 응답도 있고 질적인 향상과 교사의 전문성을 요구하는 응답도 있습니다. 작년엔 '생태수업 시간에 체력을 많이 쓰기 때문에 오후가 되면 아이가 학원 가기 힘들어 한다'는 불만도 있었습니다. 그에 비하면 올해는 생태교육에 대한 인식이 많이 좋아진 것 같습니다. 겨울방학 동안 공부를 열심히 해서 내년엔 더 좋은 생태수업을 해야겠습니다.

겨울은 로제트 식물을 관찰하기 좋은 계절입니다. 냉이, 엉겅퀴, 달맞이꽃, 방가지똥 같은 식물은 가을에 싹을 틔우고 로제트로 겨울을 납니다. 로제트 식물은 바닥에 납작 엎드려서 바람을 피하고, 잎을 방사상으로 둥글게 펼쳐 최대한 햇빛을 받아들입니다. 원의 중심이라 할 수 있는 가운데 부분이 깊고 가장자리는 높은 구조라 적은 양의 물방울도 뿌리 쪽으로 모을 수 있고요. 겨울은 강수량이 적으니까요.

이런 생존비법 덕에 로제트 식물은 이번 겨울을 알차게 보낼 수 있습니다. 뿌리가 통통해지도록 영양분을 모으면서 말입니다. 지금은 제 모습을 상상하기 어려워도, 곧이어 봄이 오면 누구보다 힘차게 잎과 줄기를 만들며 성장할 것입니다. 이 겨울이 지나면 우리 어린이들도, 생태 선생님도, 그리고 우리나라의 생태교육도 로제트 식물처럼 힘차게 성장할 수 있기를 기대합니다.

왜 생태인문학 교육인가?

숲체험과 생태교육

우리나라 생태교육의 주체는 교육기관과 민간단체로 크게 나눌 수 있습니다. 교육기관은 각급 학교나 국립생태원 같은 곳이고, 민간단체는 시민사회단체나 복지업체 같은 곳입니다. 양쪽 주체는 생태교육을 통해 추구하는 바가 약간 다릅니다.

교육기관의 생태교육은 주로 환경보존 의식의 확산을 목표로 하고 있습니다. 수업 내용의 키워드는 자연과 인간의 공존이나 생물 다양성 유지 같은 것입니다. 수업 내용 중에는 생태적·과학적 지식을 강의나 실험을 통해 배우게 하는 것도 포함되는데, 대부분의 경우 학생들에게 깨달음과 결심을 유도하면서 교훈적으로 생태수업을 마무리짓습니다. 그래서 환경교육이란 명칭과 혼용해서 사용하기도 합니다.

교육기관에서 하는 생태교육이라고 해도 국가 수준의 교육과정이 있는 것은 아닙니다. 2015 개정 교육과정에서 범교과 학습주제 중의 하나로 환경·

지속가능발전교육을 지정했을 뿐입니다. 범교과 학습주제라는 말은 국어나 수학 같은 시간에 이 주제를 잘 녹여서 가르치라는 것이지요. 그러다 보니 생태교육은 지도서나 교과서가 없고 수업의 모든 것을 교사가 알아서 구상해야 합니다. 그래서 교육기관에서 실시하는 생태교육은 대부분 석·박사 과정 중에 있는 현직교사들이 연구를 위해 진행하는 경우가 많습니다.

민간단체의 생태교육은 주로 자연환경과 친해지는 것, 즉 자연 감수성을 키우는 것이 목표입니다. 교육 활동의 대부분은 숲 놀이, 자연물 미술활동, 숲과 교감하기 등으로 구성되기 때문에 숲 체험이란 표현이 더 적합합니다. 숲에 가면 기분이 좋아진다, 자연물은 아름답다 등을 느끼도록 수업을 구성하는데, 활동 중에 놀이가 꼭 들어간다는 특징이 있습니다. 숲 체험에서는 생태적·과학적 지식도 놀이를 통해 자연스레 습득되도록 유도합니다. 이런 걸 기획놀이라고 하는데, 이 놀이들은 온전히 어른에 의해 만들어지고 또 어른의 지시에 따라 진행되기 때문에 한편으론 가짜 놀이라는 비난도 받고 있습니다. 그럼에도 불구하고 느끼고, 즐기고, 감동하는 방식으로 배우는 것은 대중적 접근성이 높은 방법입니다. 누구나 쉽게 자연을 경험하고 사랑할 수 있게 해주지요.

환경과 생태에 대한 관심이 높아지다 보니 요새는 많은 학교에서 생태교육을 실시합니다. 다만 학교가 생태교육의 주체가 되는 것이 아니라 민간단체에서 파견하는 강사에게 100% 의존하는 형식입니다. 어떻게 보면 용역을 맡기는 셈입니다. 민간단체에서 나온 강사가 수업의 목표와 내용과 방법을 전부 구상하고, 어린이들은 그에 따라 놀고 만들고 느낍니다. 담임교사는 뒤를 따라오면서 안전관리를 하지요. 이런 것은 생태교육의 주체를 학교라고 말할 수 없습니다. 민간단체가 주체입니다.

학년 수준에 맞는 생태교육 방법

놀이중심 생태교육은 유치원과 초등학교 1~2학년군에 특히 효과적인 방법입니다. 나이가 어릴수록 기획놀이, 자유놀이를 가리지 않고 다 좋아합니다. 생태 수업 중에 놀이를 넣어주지 않으면 저학년은 집중력이 떨어지기도 하기 때문에 활동 하나 정도는 놀이로 준비합니다. 놀이를 하기 어려운 조건이라면 미술활동을 준비합니다. 만들기와 꾸미기도 놀이만큼 재미있어 하지요.

우리나라의 생태교육은 학교보다 유치원에서 먼저 시작되었고, 지금도 유치원에서 더 활발하게 이루어지고 있습니다. 그러다 보니 우리나라는 숲놀이 위주의 생태교육이 많이 발달한 것이 사실입니다. 숲 놀이에 관한 카페나 밴드도 많고, 시중에 책도 여러 권 판매되고 있어서 원한다면 누구나 쉽게 생태교육을 시작할 수 있습니다.

초등학교 고학년과 중고등학생은 좀 다릅니다. 생태수업 시간에 기획놀이를 시키면 오히려 안 좋은 반응을 보이기도 합니다. 그런 건 유치하다며 건들건들 콧방귀 낄 가능성이 많습니다. 형식적 조작기는 언어와 기호를 통해 논리적 사고를 하는 단계이기 때문에 기획놀이만으로는 청소년의 흥미

를 끌기 어렵습니다. 이럴 때는 텍스트를 읽고 생각을 나누거나 직접 실험하고 탐구하는 활동을 준비합니다. 청소년들은 조금 어려운 과학적 지식을 소개해도 잘 알아듣고, 실험을 시켜도 척척 잘하기 때문에 공부다운 공부를 했다는 느낌을 줍니다.

생태교육을 하는 이유

생태교육은 생태적 소양을 기르기 위해 실시하는 교육입니다. 생태학적 기본 원리들을 바탕으로 생태계의 시스템을 이해하고 인간을 자연의 구성원으로 볼 수 있는 능력을 생태적 소양이라고 합니다. 생태적 소양의 인지적, 정의적, 행동적 영역을 세부적으로 살펴보면 생태교육 프로그램을 어떻게 구성해야 하는지 알 수 있습니다. 정말 쉽지 않은 일이지만, 한 쪽으로 치우치지 않고 세 가지 영역을 고루 신장시키는 생태교육 프로그램을 구상하는 것이 좋습니다. 생태적 소양을 도식화하여 설명하면 다음과 같습니다. 이 표는 한국문화사에서 출판한 『생태교육론』(김기대 외)의 내용을 바탕으로 만든 것입니다.

생태인문학교육이란

지방자치단체나 각종 시민단체마다 생태인문학 열풍이 불고 있습니다. 생태인문학 강의는 주변에서 어렵지 않게 찾아 볼 수 있습니다. 우리 학교가 속해 있는 광주광역시 서부교육지원청도 4대 역점 과제 중 하나로 '생태

인문학적 감수성 함양'을 제시했습니다(2019년 기준). 교육과정과 연계한 생태인문학 교육을 통해 자연과 조화롭게 살아가는 바람직한 인간을 양성하겠다는 내용입니다. 인간이란 무엇인가를 묻고, 인간은 어떻게 살아야 하는지를 생각하는 것이 인문학이니 생태교육과 인문학은 상당히 잘 어울리는 짝꿍입니다. 생태학 역시 존재와 관계를 해석하는 학문이기 때문입니다.

숲길을 걷다 보면 흙 위로 드러난 나무뿌리에 발이 걸려 넘어질 뻔하는 일이 있습니다. 구불구불 기어가는 나무뿌리는 원래 주인이 누구인지 모를 만큼 서로 얽혀있기도 해서 어린이들이 넘어지지 않게 조심시켜야 합니다. 생태학에서는 이런 모습을 '인간의 간섭에 의한 심한 답압으로 유기물 층이 소실되었고 나무의 측근이 지표 위로 드러났다'고 해석합니다. 반면에

인문학에서는 ‘사람이 많이 지나다녀서 생긴 숲길은 사실 숲의 피부가 벗겨진 것이다. 인간의 말과 행동은 반드시 어떤 결과를 가져오기 마련이다. 나는 우리 가족에게 어떤 영향을 미치는 존재인가?’라는 물음을 던질 수 있습니다.

그래서 생태인문학은 생태학적 관점으로 자연 현상을 이해하고, 인문학적 관점으로 감동과 성찰, 그리고 지혜까지 얻게 하는 새로운 방식의 생태교육이라고 할 수 있습니다. 생태적 소양의 세 가지 영역을 염두에 두고 수업을 구상하다 보면 결국 생태인문학교육을 만나게 됩니다. 인문학은 생태교육을 더 깊이 있고 풍요롭게 만들어줍니다.

인문학은 말과 글의 형태로 존재합니다. 그래서 생태인문학교육은 말하고 듣고 읽고 쓰는 활동을 통해 서로 생각을 나누는 과정이 들어간 생태교육이라고 생각하면 쉽습니다. 저는 중학교 국어 교과서에 수록된 작품을 골라 어린이들과 함께 읽으며 생태인문학수업을 시작합니다. 이런 글들은 작품성을 인정받은 베스트셀러이기도 하고, 찬찬히 읽으면 초등학교 고학년도 충분히 이해하고 감동을 느낄 수 있기 때문에 수업에 적용하기 좋습니다.

생태인문학으로 만나는 소나무

소나무는 우리에게 친숙하고 정이 가는 나무입니다. 학교, 아파트, 병원이나 공공기관 할 것 없이 화단이 있는 곳이라면 어디든지 소나무 한 그루씩은 꼭 있습니다. 소나무는 설명하지 않아도 그냥 척 보면 아는, 유치원생도 알만한 나무입니다. 게다가 우리나라 사람들이 가장 좋아하는 나무라는 명예로운 별명도 가지고 있지요.

산림정책의 방향을 정하기 위한 기초자료를 수집하려는 목적으로 산림청이 4~5년에 한 번씩 실시하는 '산림에 대한 국민의식조사'가 있습니다. 이 조사에서 우리나라 사람들이 가장 좋아하는 나무 1위로 소나무가 선정되었습니다. 1991년, 1997년, 2001년, 2006년, 2010년, 2015년 모두 변함없이 소나무가 1위입니다. 게다가 1위와 2위의 응답률도 크게 차이가 납니다. 2015년 결과(일반국민 기준)를 보면 조사대상의 62.3%가 소나무를 가장 좋아한다고 응답한 것에 비해, 은행나무(2위)를 가장 좋아한다고 응답한 경우는 5.4%였습니다. 이전의 조사결과도 2015년과 거의 비슷합니다.

나라를 구한 나무

우리나라 사람들은 소나무를 좋아하기만 하는 것이 아니라, 소나무와 관련된 지식도 많이 갖고 있습니다. 이순신 장군이 왜적을 물리치는 데 큰 공헌을 한 판옥선이 소나무로 만든 배라는 것은 잘 알려진 사실입니다. 판옥선 위에 거북 등 모양 덮개를 얹은 것이 거북선이지요. 왜군이 타고 온 배는 안택선인데, 삼나무로 만들었습니다. 우리나라에는 소나무가 많이 살고, 일본에는 삼나무가 많이 사니까 양측 모두 구하기 쉬운 재료로 배를 만들었을 겁니다.

목재의 강도를 기준으로 소프트우드(softwood)와 하드우드(hardwood)를 구분할 때 소나무와 삼나무는 모두 소프트우드로 분류됩니다. 재질이 부드럽고 가벼워 가공하기 쉬운 나무들이라 요즘도 가구나 배를 만들 때 많이 사용합니다. 다행스러운 것은, 같은 소프트우드라도 소나무가 삼나무보다 조금 더 단단하다는 것입니다. 게다가 삼나무는 옹이가 많이 생기는 수종이라 목재의 강도가 떨어지는 편입니다. 바다 위에서 배와 배가 직접 부딪히며 싸우는 전쟁이라면 소나무 배가 삼나무 배보다 효과적이었을 겁니다. 판옥선 열 두 척으로 안택선 삼백 척을 물리친 역사를 보면 알 수 있지요. 전생에 나라를 구했다는 농담을 흔히 쓰는데, 화단에 있는 소나무에겐 이 말이 농담이 아니라 진짜인 것입니다.

우리나라 소나무는 Japanese?

조선시대의 소나무는 자기 몸을 바쳐 나라를 구했지만, 요즘 소나무들은 조상님 앞에서 면목이 없을 것 같습니다. 왜적을 물리치던 기개에 어울리지 않게 'Japanese Red Pine'으로 불리고 있기 때문입니다. 이런 얘기는 어린이들에게 엄청 큰 충격입니다. 애국가 가사에도 나오니까 당연히 우리 것인 줄 알았는데, 소나무가 'Japanese'라니! 어린이들 눈이 똥그래집니다.

사연은 이렇습니다. 1820년대에 지볼트라는 독일인 의사가 일본에 거주하다가 처음 보게 된 소나무를 학계에 보고하였고, 동아시아 지역에 자생하는 붉은 수피의 소나무는 Japanese Red Pine, 즉 일본적송이라고 알려지게 된 것입니다. 한반도가 소나무 자생지의 핵심 지역이지만 최초로 발표된 이름을 따르는 것이 국제사회의 법칙이다 보니 지금도 우리나라 소나무는 '일본적송'이라고 불리고 있습니다. 소나무를 '일본적송'이라고 표현하는 사례는 식물사전이나 공원의 나무 팻말에서 종종 찾아볼 수 있습니다. 다행인 점은 이 이름이 학명이 아니라 영명이라는 것입니다. 쉬운 일은 아니어도 바꿀 수 있는 이름이라는 것이지요. 국립수목원이 나서서 애를 쓴 덕분에 2015년부터는 'Korean Red Pine'으로 바꾸어 부르고 있으니 세계인의 인식이 온전히 바뀔 때까지 우리가 먼저 그 이름을 자주 불러줘야겠습니다.

역사에 만약이란 것은 없지만, 흥선대원군 이전부터 조선의 외교 기조였던 쇄국정책이 조금 유연하게 집행됐다면 어떻게 되었을까요? 해외교류의 문을 조금 열고 독일인 의사를 일본이 아니라 조선에서 살게 해주었다면 무슨 일이 일어났을까 궁금해집니다. 여러 가지 역사가 바뀌었겠지만, 어쩌면 식물도 합당한 이름으로 세계에 보고될 기회를 가질 수 있지 않았을까 생각해봅니다.

느리게 걷는 소나무

우리 민족의 삶과 역사 속에 얽혀 있는 소나무 이야기를 듣다 보면 어린이들은 소나무를 더욱 친근히 느끼게 됩니다. 고맙고 안타까운 우리 나무라는 인식이 자연스럽게 생길 때쯤 다른 이야기를 하나 꺼냅니다. 사람 식으로 표현하면 소나무는 느리게 걷는 아이입니다. 소나무는 원래부터 성장이 느린 수종이라 햇빛 경쟁에서 이기는 경우가 거의 없습니다. 다른 나무들이 쑥쑥 자라나 무성한 가지를 펼치면 그 밑에서 시름시름 앓다가 죽고 말지요.

소나무의 열매, 솔방울도 느리긴 마찬가지입니다. 봄에 꽃가루받이를 하고 여름 내 열매를 살찌우다가 가을이 되면 다 익은 종자를 퍼트리는 것이 일반적인 식물의 번식 과정인데, 다른 나무들은 1년만에 끝내는 이것을 소나무는 2년이 걸려야 끝낼 수 있습니다. 봄이 되면 소나무도 노란 송화 가루를 날리면서 번식 과정을 시작합니다. 그런데 소나무 암꽃은 꽃가루받이만 해 놓고 다음 일은 안 합니다. 말 그대로 그냥 쉬는 것입니다. 다른 나무들은 벌써 열매가 생기고 그 열매가 점점 커가는데, 소나무 암꽃은 아무 생각도 없는 것처럼 그냥 가만히 있습니다. 수분은 했지만 수정은 안 된 이런 상태를 1년생 솔방울이라고 합니다. 그 해에 새로 나온 가지 끝에 옹기종기

1년생 솔방울(왼쪽)과 2년생 솔방울. 2년생 솔방울은 가을이 되면 갈색으로 익는다.

붙어 있지요.

남들 달릴 때 저 혼자 쉬고 있는 휴지기 상태는 그 다음해 봄이 될 때까지 계속됩니다. 1년이 다 되도록 잠만 자는 녀석이지요. 이런 소나무 같은 학생이 우리 반에 있다면 어떻게 해야 할까요? 소나무가 내 자식이라면 무슨 잔소리를 해야 이놈이 정신을 차릴까요? 아니, 혹시 내가 소나무라면 나는 나 자신을 어떻게 바라봐야 할까요?

답을 찾으려 책을 읽다

'방망이 깎던 노인'이란 수필을 함께 읽기로 합니다. "이거 중학생들이 읽는 건데……"라고 운을 띄우면 어린이들은 자기들도 잘 읽을 수 있다며 눈을 반짝입니다. 5학년이 이해할 수 있을까 걱정이 된다는 말로 한 번 더 미끼를 던지면 자기들은 아무 문제없다고 냉큼 달려듭니다. 큰 형님 대접을 받는 기분이 드나 봅니다. 딴 짓 하는 사람 하나 없이 초 집중 모드로 책을 읽기 시작합니다. 수필의 내용은 이렇습니다.

집으로 돌아가는 전차를 기다리던 '나'는 동대문 맞은편 길가에 앉아서 방망이를 깎아 파는 노인을 발견합니다. '나'는 마침 신혼살림을 시작한지 얼마 안 되었던 때라 방망이를 한 벌 사 가지고 가려고 값을 물어보았다가 "비싸거든 다른 데 가 시라"는 무뚝뚝한 대답에 값을 깎지도 못하고 방망이 한 벌을 주문합니다.

'내'가 보기에는 다 된 것 같은데 노인은 방망이를 이리 저리 돌려 보며 자꾸만 더 깎습니다. 차 시간이 바쁘다고 재촉을 해도 들은 척하지 않고 방망이만 들여다봅니다. 초조해진 '나'는 그만 하면 좋으니 그냥 달라고 하지만, 오히려 노인은 "끓을 만큼 끓어야 밥이 된다"며 화를 냅니다.

저러다가 방망이가 다 깎여 없어질 것 같아 조바심도 내고, 방망이는 아까부터 다 되어 있는 거라고 속으로 화도 내다가 결국 차를 놓친 '나'는, 체념하는 심정이 되어 노인이 하는 것을 지켜봅니다.

하지만 아내는 '내'가 사온 방망이를 보고 매우 기뻐합니다. 참 좋다, 예쁘다, 이렇게 알맞은 방망이는 만나기 어렵다며 야단입니다. 그런 아내를 보면서 '나'는 방망이 깎던 노인에 대한 자기의 태도를 뉘우칩니다. 그리고 긴 시간을 들여가며 갖은 정성으로 만들어 낸 물건의 가치를 이해하게 됩니다.

5학년도 이 수필의 내용을 잘 이해합니다. 주인공이 주문한 방망이는 야구 배트가 아니라 다듬이질에 쓰는 방망이라는 것만 알려주면 됩니다. 책을 읽고 나서 질문 만들기 하는 것을 보면 이해 정도를 알 수 있지요. 어린이들은 자기들이 만든 질문으로 짝 토론을 하고, 교사와 전체 하브루타를 하기도 합니다. `

그러면서 우리는 답을 알게 됩니다. 소나무 같이 느리게 성장하는 우리 반 학생, 내 자식, 그리고 나 자신에게 해줄 말은 '대기만성'입니다. 큰 그릇은 늦게 이루어지는 거야. 좀 늦어도 괜찮아. 너는 시간 낭비를 하고 있는 것이 아니라 힘을 키우고 있는 거야'라고 말해야 합니다. 휴지기가 끝나면 솔방울은 아무 일 없었다는 듯이 자기 일을 시작합니다. 수정을 하고 씨앗을 여물게 하다가 가을이 되면 솔방울 실편 사이로 날개 달린 씨앗을 날려 보냅니다. 그 씨앗이 날아가 어딘가에 떨어지면 나라를 구한 나무, 우리나라 사람들이 제일 좋아하는 나무가 되는 것입니다.

교무실 앞쪽 화단에 소나무가 있는데 1년생 솔방울, 2년생 솔방울, 그리고 3년 이상 된 솔방울이 한 그루에 종류대로 달려 있습니다. 자는 녀석, 열심히 제 할 일 하는 녀석, 그리고 이젠 할 일 다 한 녀석입니다. 그 중에서 우리는 새끼 손톱만한 자는 녀석을 찾아내 말을 걸어 주었습니다.

“귀여워.”

“잘 자라라.”

“대기만성이다.”

우리 어린이들에게는 누가 이런 말을 해줄까요? 한 발짝 느리게 걷는 어린이는 소나무입니다.

거 꽃잎이나 꽃받침 뒤에 돌기처럼 길게 달려있는 꿀주머니. 나방과 나비에 의해 수분되는 꽃의 꿀샘은 흔히 거(spur)라고 하는 길고 가느다란 구조가 꽃갓의 기부에 있다.

관다발조직 유관속조직(vascular tissue). 흙에서 흡수한 물과 무기물질, 광합성으로 생긴 당 등을 수송하기 위해 특수화된 조직. 물관부와 체관부가 있다. 건물의 배관계, 인체의 혈관계와 같다.

광합성 광합성(photosynthesis)은 녹색식물이 태양에너지를 이용하여 자신이 필요로 하는 에너지를 만드는 과정이다. 잎의 가장 뚜렷한 기능은 광합성이다. 잎은 태양으로부터의 에너지를 사용하여 이산화탄소와 물로부터 탄수화물(당)을 만든다. 인간을 비롯한 모든 동물은 식물의 광합성에 의존하여 살아간다.

구과 솔방울을 흔히 소나무의 구과라고 부르지만, 둥근열매라는 의미의 구과(毬果)는 사실 있을 수 없는 용어다. 나자식물은 꽃이 피는 식물이 아니며, 따라서 열매가 생길 수 없기 때문이다. 원추체(cone)가 올바른 표현이다.

기주식물 기생식물의 숙주가 되는식물.

꽃받침 꽃의 안쪽에 있는 암술과 수술을 보호하기 위해 존재하는 부분. 꽃받침과 꽃잎을 합쳐서 화피(花被)를 이룬다. 꽃받침이 벌어져야 개화가 이루어진다. 꽃받침잎이라고도 한다.

단물(감로) 진딧물의 일종이 수액을 빨아들이고 나서 분비하는 액체(Honeydew)이다. 당분이 풍부하여 끈적인다. 아래쪽 잎에 떨어져 그을음병을 유발하기도 하고, 주변에 주차된 차를 더럽히기도 한다.

답압 사람이나 차량 등의 통행에 의해 흙이 다져지는 힘을 답압(踏壓)이라고 한다.

동정 같다고 정하는 것(同定, identification). 분류체계 속에서 생물 개체의 위치를 밝히는 것. 종, 속, 과, 목 등의 단위로 구분한다.

두상화 머리모양 꽃차례. 작은 꽃들이 매우 밀접하게 모여 있어 하나의 꽃으로 보인다. 국화과 식물의 특징이다.

무한화서 가장 아래에 또는 가장 바깥에 있는 꽃들이 먼저 피고, 이런 꽃들이 피는 동안에도 새로운 꽃들이 정단부에서 발달한다. (반)유한화서.

삭과 완전히 성숙하면 구멍이 생기거나 봉선이 벌어지는 등의 방식으로 과피가 열리고 씨가 떨어지는 방식으로 분산하는 열매를 삭과(蒴果, capsule)라고 한다.

생장점 보통 식물의 줄기와 뿌리 끝에 있으며, 새로운 조직과 잎들이 만들어진다.

설상화 많은 국화과 식물들의 두상화서는 2종류의 꽃들로 이루어져 있는데, 그 중 두상화서의 가장자리에 있으면서 꽃잎처럼 보이는 것 하나하나가 설상화이다. 혓바닥처럼 길게 뻗은 꽃잎이 한 장 있으므로 설상화(舌狀花)라고 한다.

수 쌍떡잎식물의 줄기 중앙을 구성하는 기본조직을 수(髓, pith)라고 하며, 이것은 물질의 저장을 위해 특수화되어 있다. 외떡잎식물은 관다발이 줄기 기본조직 전체에 산재되어 있어서 피층과 수를 구별할 수 없다.

수직생장 뿌리나 줄기처럼 수직방향으로 이루어지는 성장. (垂直生長)

순광합성량 식물이 광합성을 통해 저장한 당은 성장과 종자생산 뿐 아니라 호흡 등의 기본적인 대사과정을 위해서도 사용된다. 호흡은 기본적으로 포도당 분자가 이산화탄소 분자로 분해되는 과정에서 일어나는 에너지 방출이다. 총광합성량 중에서 호흡으로 소모되는 에너지를 제외하고 남은 부분이 순광합성량이다. 순광합성량이 식물의 성장, 종자생산 등에 사용된다.

순판 입술(脣) 모양으로 생긴 꽃잎. 수분매개체가 날아와 앉는 착륙장으로 사용된다.

순형화 입술모양 꽃

식물성 화합물 식물에게 독특한 색깔, 향기, 독소 등을 제공하여 다른 생물체를 끌어들이거나 방해하는 기능을 하는 2차대사 산물. 인간은 식물의 많은 2차대사 화합물을의료용이나 요리용 또는 다른 목적으로 활용한다. 니코틴, 리그닌, 살리신, 맨톨, 고무 등이 있다.

실편 솔방울 따위에 붙어있는 비늘모양의 조각.

암술대 꽃의 암술은 암술머리, 암술대, 씨방으로 이루어진다. 암술대는 암술머리와 씨방을 연결하는 가는 기둥모양의 조직이다.

엘라이오솜 씨방조직으로부터 발달된 육질성의 부속물. 풍부한 지질 이외에 단백질, 녹말, 당, 비타민 등을 함유하고 있다. 개미의 먹이로 이용되면서 효과적으로 씨를 산포시킬 수 있다.(elaiosome, 유질체)

영명 학명과 달리 어느 한정된 지역에서 통하는 이름. 특히 영어권에서 사용되는 향명(鄕名, common name)

우화 번데기가 변태하여 성충이 되는 일. (羽化)

유액 식물이 자신의 몸을 방어하기 위해 만들어내는 물질. 유액(乳液, latex)은 탄수화물, 유기산, 알칼로이드, 기름, 수지, 고무입자 등 여러 가지 물질을 포함하고 있는 세포질이다. 유액은 식식성 동물에게 유독물질로 작용하지만, 일부 동물은 내성을 가질 뿐 아니라 자신을 방어하기 위해 재사용하기도 한다.

유연관계 생물체가 형상이나 특성 등에 유사한 관계가 있어서 그 사이에 연고가 있는 것.

입틀 곤충의 구기(口器, mouth-parts)

잎자루 잎은 보통 편평한 잎몸을 가지고, 대부분의 경우에 잎자루(葉柄, 엽병)라고 부르는 자루가 있어 가지에 붙는다.

자가수분 성숙한 꽃가루가 꽃가루주머니에서 방출됨과 동시에 암술머리에서 꽃가루를 받아들이는 방식으로 양성화에서만 일어난다. 자가수분은(自家受粉, self pollinating) 어떤 상황하에서는 유리할 수 있다.

자생종 그 지역에서 저절로 사는 생물종.

점착사 꽃가루들을 서로 연결시키는 점액질의 실. (비)점사.

접형화 나비모양 꽃

종령 성충이 되기 전 마지막 유충시기.

주맥 잎의 중앙에 있는 가장 굵은 잎맥. (主脈, midvein)

직경생장 나무의 생장 중에서 일반적으로 가슴 높이의 줄기에서 일어나는 수평방향의 생장을 말한다. (直徑生長, diameter growth)

처녀생식 난자와 정자의 결합 없이 난자만의 분열으로 수정란이 만들어지는 방식. 자연계에서 흔히 볼 수 있으며 흔한 예로 꿀벌의 수컷을 들 수 있다. (비)단위생식

초본 (반)목본

총포 꽃을 보호하기 위해 변형된 잎을 포(苞)라고 하며, 여러 장의 포를 합쳐서 총포(總苞)라고 한다.

취각 호랑나비과 유충의 머리와 앞가슴 사이에 있는 뿔처럼 생긴 돌기. 자극을 받으면 몸 밖으로 내밀어 냄새를 풍긴다. (냄새나는 뿔, 臭角)

측맥 주맥으로부터 나온 잎맥. (側脈, lateral vein)

통상화 (비)관상화

폐쇄화 암술, 수술 등 생식에 관련된 부분을 노출시키지 않고 씨를 맺는 식물의 꽃.

포엽 꽃의 아래쪽 또는 꽃자루에 형성되는 잎. 포엽(苞葉, bract)은 보통 작으며, 발달하는 꽃을 보호하는 작용을 한다.

표피 식물의 줄기는 표피, 기본조직(피층과 수), 관다발조직 등 3가지 조직으로 되어 있다. 가장 밖에서 줄기를 둘러싸고 있는 한 층의 세포를 표피라고 한다.

피식 (반)포식.

피층 쌍떡잎식물에서 줄기의 표면을 둘러싸고 있는 표피와 원모양으로 배열된 관다발조직 사이에 피층(皮層, cortex)이 있다.

학명 어느 한정된 지역에서 통하는 것이 아닌, 전 세계에서 공통적으로 사용하는 과학적 명칭(學名, scientific name). 이미 생활영역을 벗어난 라틴어를 사용하여 속명, 종명 및 명명자의 이름으로 구성한다.

허니가이드 꽃잎 아래쪽에 있는 특이한 색깔과 모양의 무늬. 이 무늬에 의해서 벌은 꽃과 꽃 속의 꿀샘 위치를 효과적으로 인식할 수 있다. nectar guide라고도 한다.

화외밀선 식물의 생식기관이 아닌 영양기관에 생기는 꿀샘. 화외밀선(花外蜜腺, extrafloral nectary)은 흔히 식물을 방어해주고 동물을 유인한다. 잎자루, 탁엽, 잎의 기부 등에서 볼 수 있다.

화탁 꽃 부분들이 붙어 있는 부위. 화탁(花托)은 꽃자루에 연결되어 있으며 꽃받기라고도 부른다.

추천글

이 책을 읽는 동안 마치 선생님의 생태수업 교실에 있는 듯합니다. 선생님의 시범이 끝나고 나도 만져보고 관찰하고 싶습니다. 이 책은 딱딱하기만 했던 생태수업을 아이들에게 따뜻한 감성으로 풀어내는 모습이 담겨 있습니다. 생태인문학적 감수성은 행복한 미래를 살아갈 아이들이 갖추어야 할 기본 역량입니다. 서혜리 선생님의 생태환경에 대한 이해와 감성이 많은 선생님들과 학생들에게 공유되길 바랍니다.

— 광주광역시교육감 장휘국

참된 인성과 지속가능한 인재양성을 위해 생태교육은 필수적이라 외치고 있으나, 식물의 구조나 기능 등의 과학교과내용으로 교과서에서 채우고 있는 것이 현실입니다. 아이들의 안전과 교육방향성 등의 문제로 주저하고 있는 초등생태교육에 있어 실경험을 바탕으로 길라잡이의 역할과 감성과 인성을 깨우치는 참교육을 알게 해주는 책입니다. 또한 생태교육을 진행함에 있어 생겨난 다양하고 즐거운 에피소드와 곤란함을 느꼈던 일들이 재밌게 수록되어 생생하게 현장을 느낄 수 있습니다.

나무수액을 먹으려 몰려든 진딧물을 얼씬도 못하게 만드는 무당벌레와의 관계를 자연에서 직접 받아들일 수 있다는 것이 아이들에게 얼마나 큰 기쁨인지 모릅니다. 숲과 자연을 통해 아이들의 오감을 부드럽게 깨워주고 아름다운 자연의 소리에 흠뻑 취해 어느 순간 자연을 사랑하는 마음을 갖게 하고, 개인의 자존감과 사회의 공동체의식, 더 넓은 영역으로 확장해 보면 생명존중의 의식까지 고취시킬 수 있는 것이 생태교육입니다.

백점인 받아쓰기 시험지보다 고사리 손으로 주워오는 도토리가 값지고 감사한 선물임을 알기에, 생태교육을 직접 이끌어나가는 선생님과 교장·교감선생님께 박수를 보냅니다.

— 전남대학교 산림자원과 Post. D. 김민희

숲 해설가는 숲을 찾아 온 사람들에게 자연과 인간, 그리고 둘 서로의 관계에 대해 설명해주는 사람입니다. 도심 속 초등학교에 숲 해설가가 여덟 명이나 있다니 정말 놀랍고 부러운 일입니다. 모든 학교마다 숲 해설가가 한 명씩 있는 날이 온다면 얼마나 좋을까요?

— (사)숲해설가 광주전남협회 대표 이미영